高等职业教育智能制造类产教融合新形态教材

数字化设计与 3D 打印

主编 武 同 杨 莉
参编 赵永硕 王 慧 李志敏 王华伟

机械工业出版社

本书内容涉及打印设备调试、模型正向设计与打印、模型逆向设计与打印三个项目。运用 UG NX 软件进行正向产品设计，Geomagic Wrap、Geomagic Design X 软件进行逆向产品设计，以太尔时代 UP BOX 打印机、森工科技 M2030X 打印机为载体，完成数字化设计与 3D 打印过程中涉及的主要工作任务。面向高等职业教育模具设计与制造、数字化设计与制造技术、增材制造技术等相关专业学生需求，精选企业项目，同时进行教学化处理，以工作过程为导向，任务编排从易到难，后一个任务在前一个任务技能点的基础上，增加一定难度。设置任务完成过程中的问题引导及操作要点提示，帮助学生做中学，也是教师进行教学设计的得力助手。

本书适合作为高等职业院校装备制造大类专业教材，也可以作为工程技术人员的参考和培训用书。

本书配有教学视频等资源，可以扫描书中二维码直接观看，还配有授课电子课件、习题答案等，需要的教师可以登录机械工业出版社教育服务网（www.cmpedu.com）免费注册后下载，或联系编辑索取（微信：13261377872，电话：010-88379739）。

图书在版编目（CIP）数据

数字化设计与 3D 打印／武同，杨莉主编． -- 北京：机械工业出版社，2024.11．--（高等职业教育智能制造类产教融合新形态教材）． -- ISBN 978-7-111-76336-9

Ⅰ．TB472-39；TS853

中国国家版本馆 CIP 数据核字第 2024XY5714 号

机械工业出版社（北京市百万庄大街 22 号　邮政编码 100037）
策划编辑：曹帅鹏　　　　　　责任编辑：曹帅鹏
责任校对：龚思文　张昕妍　　封面设计：张　静
责任印制：刘　媛
北京中科印刷有限公司印刷
2024 年 11 月第 1 版第 1 次印刷
184mm×260mm・11.25 印张・273 千字
标准书号：ISBN 978-7-111-76336-9
定价：49.00 元

电话服务　　　　　　　　　　网络服务
客服电话：010-88361066　　　机　工　官　网：www.cmpbook.com
　　　　　010-88379833　　　机　工　官　博：weibo.com/cmp1952
　　　　　010-68326294　　　金　书　网：www.golden-book.com
封底无防伪标均为盗版　　　机工教育服务网：www.cmpedu.com

前　　言

　　增材制造产业是战略性新兴产业的典型代表，增材制造技术人才成为推动该产业发展的首要资源。教育部印发的《职业教育专业目录（2021）》中，优化新增了中职和高职专科、本科层次职业教育增材制造专业。因此，职业院校如何落实政策，发挥增材制造技术专业优势，开展各类增材制造技术培训，有效培养企业急需人才，对推进增材制造产业高质量发展具有重大意义。

　　在此背景下，本书编写团队根据数字化设计及3D打印相关企业岗位对技能、知识及综合职业能力的要求，以企业生产项目为素材，进行合理的教学转化，设置层层递进的学习任务，形成了企业工作手册式教材。帮助学习者在完成学习任务的过程中，学习工业设计三维造型、切片、逆向设计等软件的使用方法，掌握典型打印机、扫描仪等3D打印常用设备的使用和维护方法，了解打印材料、打印原理等重要知识。同时，学习任务中设置的工作场景和工作流程也能帮助学习者沉浸式体验企业生产过程，在学习知识和技能的同时，提高团队合作能力、自主学习能力以及实践创新能力，最终获得综合的职业能力。

　　本书由河南职业技术学院武同、杨莉担任主编，参加编写的还有河南职业技术学院教师赵永硕、王慧、李志敏，郑州叁迪科技有限公司王华伟。武同编写了项目1，杨莉编写了项目2，赵永硕编写了任务3.1、3.2，王慧编写了任务3.3，李志敏编写了任务3.4，王华伟提供了宝贵的企业生产案例。

　　由于编者水平有限，不当之处在所难免，望读者批评指正。

编　者

目　录

前言

项目 1　打印设备调试 ……………………………………………………………………… 1

任务 1.1　FDM 打印机的调试 …………………………………………………………… 1
学习活动 1　明确工作任务——打印机性能认知 ……………………………………… 1
学习活动 2　操作前的准备——打印机结构认知 ……………………………………… 2
学习活动 3　现场操作——打印机安装与调试 ………………………………………… 5
学习活动 4　工作总结与评价 …………………………………………………………… 11
习题 ……………………………………………………………………………………… 12

任务 1.2　三维扫描仪的调试 …………………………………………………………… 13
学习活动 1　明确工作任务——扫描仪性能认知 ……………………………………… 13
学习活动 2　操作前的准备——扫描仪结构认知 ……………………………………… 14
学习活动 3　现场操作——扫描仪安装与调试 ………………………………………… 16
学习活动 4　工作总结与评价 …………………………………………………………… 26
习题 ……………………………………………………………………………………… 27
拓展知识 1　三维扫描的历史与发展 …………………………………………………… 27
拓展知识 2　三维扫描仪的应用领域 …………………………………………………… 29

项目 2　模型正向设计与打印 …………………………………………………………… 30

任务 2.1　镂空灯罩的打印 ……………………………………………………………… 30
学习活动 1　明确工作任务——3D 打印的优势 ……………………………………… 31
学习活动 2　操作前的准备——3D 打印的原理 ……………………………………… 32
学习活动 3　现场操作——Cura 切片软件的使用 …………………………………… 32
学习活动 4　工作总结与评价 …………………………………………………………… 36
习题 ……………………………………………………………………………………… 37

任务 2.2　伸缩晾衣架接头的设计与打印 ……………………………………………… 38
学习活动 1　明确工作任务——图纸分析 ……………………………………………… 39
学习活动 2　操作前的准备——建模软件认知 ………………………………………… 41
学习活动 3　现场操作——建模、混色模式的切片处理及打印 ……………………… 42
学习活动 4　工作总结与评价 …………………………………………………………… 50
习题 ……………………………………………………………………………………… 51

任务 2.3 手持风扇的设计与打印 ······ 52
 学习活动 1   明确工作任务——图纸分析 ······ 53
 学习活动 2   操作前的准备——3D 打印装配体公差的设置 ······ 56
 学习活动 3   现场操作——建模、切片、打印及装配 ······ 58
 学习活动 4   工作总结与评价 ······ 85
 习题 ······ 87

任务 2.4 翻转相册的创新设计与打印 ······ 88
 学习活动 1   明确工作任务——了解需求 ······ 88
 学习活动 2   操作前的准备——确定方案 ······ 89
 学习活动 3   现场操作——建模、切片处理、打印及装配 ······ 89
 学习活动 4   工作总结与评价 ······ 90
 习题 ······ 92

项目 3   模型逆向设计与打印 ······ 93

任务 3.1 吸尘器模型的扫描 ······ 93
 学习活动 1   明确工作任务——扫描流程认知 ······ 94
 学习活动 2   操作前的准备——扫描模型处理 ······ 95
 学习活动 3   现场操作——吸尘器模型扫描 ······ 98
 学习活动 4   工作总结与评价 ······ 99
 习题 ······ 101

任务 3.2 雷达猫眼零件点云封装处理 ······ 101
 学习活动 1   明确工作任务——点云数据处理认知 ······ 101
 学习活动 2   操作前的准备——Geomagic Wrap 软件初识 ······ 102
 学习活动 3   现场操作——点云封装处理 ······ 103
 学习活动 4   工作总结与评价 ······ 107
 习题 ······ 109

任务 3.3 冲压件模型逆向建模 ······ 109
 学习活动 1   明确工作任务——逆向建模初识 ······ 110
 学习活动 2   操作前的准备——Geomagic Design X 软件初识 ······ 111
 学习活动 3   现场操作——冲压件逆向建模 ······ 112
 学习活动 4   工作总结与评价 ······ 129
 习题 ······ 131

任务 3.4 电动雕刻笔模型逆向设计与打印 ······ 131
 学习活动 1   明确工作任务——逆向设计与打印工作流程 ······ 132
 学习活动 2   操作前的准备——初定方案及模型处理 ······ 133
 学习活动 3   现场操作——电动雕刻笔逆向设计与打印 ······ 134
 学习活动 4   工作总结与评价 ······ 169
 习题 ······ 171

参考文献 ······ 172

项目1　打印设备调试

任务1.1　FDM 打印机的调试

学习目标

1. 能够识别打印机的基本性能参数
2. 了解 FDM 打印机的基本构造
3. 能完成 FDM 打印机的调试
4. 具备设备调试员的安全意识和职业素养

建议课时：6 课时

工作场景描述

客户从你公司采购了一批桌面级 3D 打印机，负责设备调试的小王需要到客户现场为客户进行设备的安装与调试，请按要求完成相关工作。

工作流程与活动

1. 明确工作任务——打印机性能认知
2. 操作前的准备——打印机结构认知
3. 现场操作——打印机安装与调试
4. 工作总结与评价

FDM 打印机的调试任务介绍

学习活动1　明确工作任务——打印机性能认知

一、勘察现场

1）勘察打印机安装操作现场的基本情况，做好记录，记录表可参考表 1-1。

2）在老师指导下，观察打印机外观，并进行初步检查处理，擦拭打印机外壳，清洁工作腔，检查外观有无明显异常、部件有无松动等，将异常情况做好记录。

动画　3D 打印机如何工作

动画　3D 打印原理

表 1-1 操作现场情况记录表

项目名称	技术要点	现场记录
安装位置	远离水和高温	
	通风良好	
	桌面平稳、无晃动	
电源线、电源适配器	使用原厂（制造商）适配器	
计算机	使用专用 USB 数据线进行连接	

二、性能认知

打印机标签上注明了该设备的型号，是选择、安装、使用、调试设备的重要依据。请根据标签提供的信息，通过网络了解该打印机的主要参数，并简要说明其含义，主要参数记录表可参考表 1-2。

表 1-2 打印机主要参数

项目名称	参数	含义
成型原理		
成型尺寸		
最小层厚		
耗材直径		
兼容丝材		
喷嘴直径		
软件		
机器尺寸		

动画 FDM 打印过程

动画 FDM 原理

学习活动 2 操作前的准备——打印机结构认知

一、结构认知

1）观察老师展示的森工 M2030X 3D 打印机实物或模型，结合图 1-1 所示打印机机身结构图片，将打印机外部各部分的名称补充完整。

项目1 打印设备调试

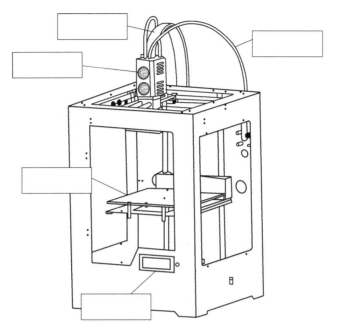

动画 3D打印机组装

图1-1 森工M2030X 3D打印机机身结构

2）根据老师讲解，观察打印机内部，结合图1-2和图1-3所示打印机内部构件图片，

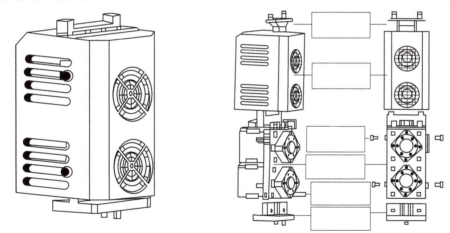

图1-2 打印机内部构件1

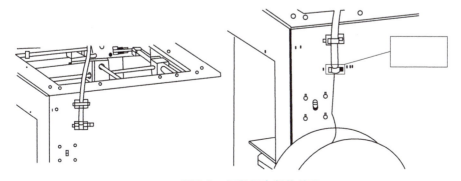

图1-3 打印机内部构件2

将打印机内部各部分的名称补充完整，并思考打印机的工作原理。

思考：打印机是如何实现立体模型打印的？3D打印与2D打印有何区别？

二、工具准备

在进行调试工作前，请先了解打印机常用工具及配件，并在表1-3中确认。

表1-3 打印机常用工具及配件

配件				
名称	电源线	数据线	SD卡	六角扳手(2.0mm,2.5mm)
是否备好				
配件				
名称	润滑油(擦光轴)	无尘纸(擦光轴)	玻璃板	夹子
是否备好				
配件				
名称	美工刀	铲子	打印丝材	尖嘴钳
是否备好				

学习活动3 现场操作——打印机安装与调试

观看打印机调试视频教程,学习相关操作方法,按照以下步骤完成打印机安装调试任务,并回答相关问题。

一、设备安装

设备安装操作步骤及技术要点提示见表1-4,并将操作过程及体会记录在表中。

1-1 打印机安装与调试1

1-2 打印机安装与调试2

表1-4 设备安装操作记录表

序号	操作步骤	技术要点提示	操作记录及体会
1	插上电源线,接通电源	I为接通,O为断开	
2	机器回零:单击触摸屏上的"准备"按钮,选择"机器归零"命令,去除盒子中的挤出机套件	机器归零操作后,观察打印机,打印机会出现什么动作	

（续）

序号	操作步骤	技术要点提示	操作记录及体会
3	断开电源，拧松风扇罩外部固定螺钉，拆开电机和风扇罩	准备好安装所需的六角扳手等工具	
4	拧松固定块螺钉，拆开电机和固定块	拆分过程中要小心保存好各个螺钉	
5	将固定块安装在设备上	操作时应注意避免固定块压到线槽中的线	
6	将电机安装在设备上		
7	理顺电机组件上的以及下方喷嘴延伸上来的电线，按照颜色一一对应接好各条电线	各个端子连接控制设备不同部件，安插时要按颜色一一对应，不能交叉顺序	

项目1 打印设备调试

（续）

序号	操作步骤	技术要点提示	操作记录及体会
8	整理好电线,罩上风扇罩,并用固定螺钉拧紧固定好 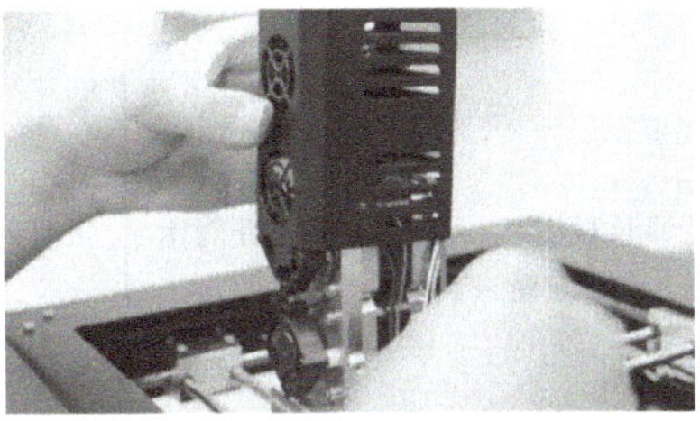	电线要理顺,整齐排布	
9	把彩排线插进卡槽,并扣紧 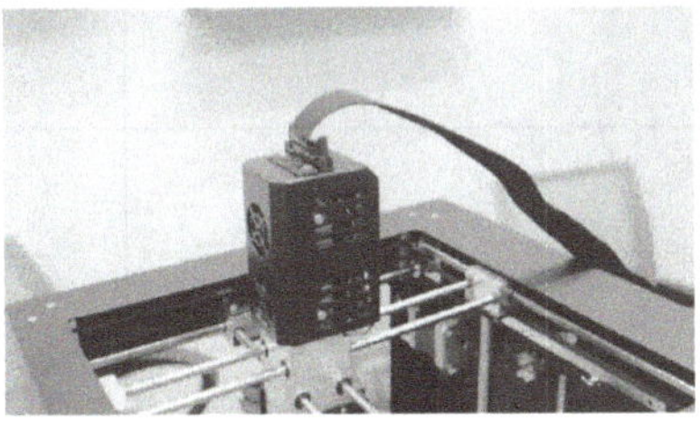	对准针脚,不要暴力安插	
10	安装导料管 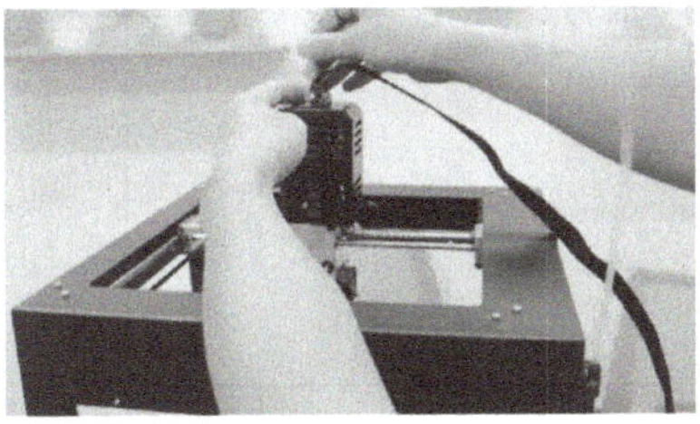	导管的一端固定在设备后端卡槽,另一端插入挤出机上方的料管插槽	
11	扣好彩排线 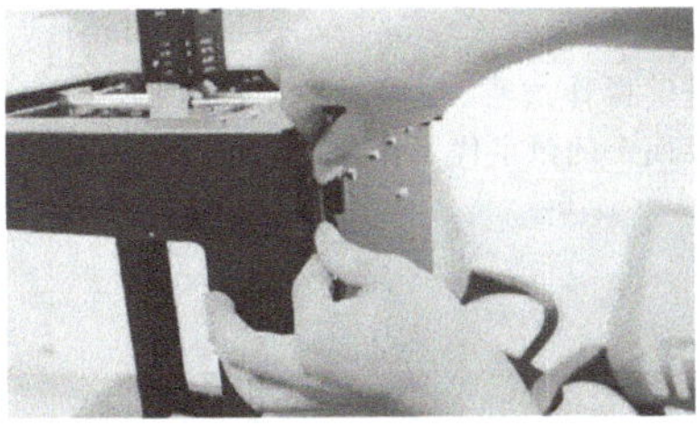		
12	用夹子固定彩排线和导料管 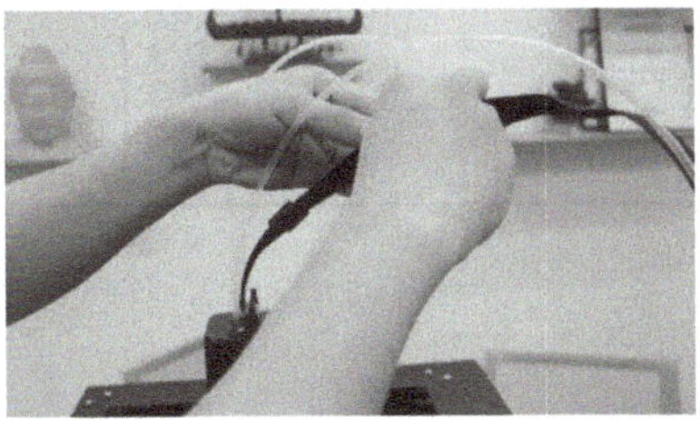	夹子均匀分布在彩排线上,把导料管扣紧,确保设备工作时导料管的稳定	

（续）

序号	操作步骤	技术要点提示	操作记录及体会
13	安装耗材挂料架，放上耗材，拉出耗材插入导料管中	拉出足够长度，将耗材插入到电机能卡住耗材的位置，方便进料	
14	把玻璃板放在热床平台上，玻璃板与平台对齐后用夹子夹紧	空间不足时可以调整下方旋钮，把贴有美纹纸的一面朝上	
15	安装耗材	再一次确认是否已经把耗材线卡到了送丝机的齿轮上，确认无误后选择"准备"，然后单击"进丝" 观察进丝操作过程，打印机动作，并回答工作界面上的数字代表什么含义	

二、调试设备

设备调平操作步骤及技术要点提示见表1-5，并将操作过程及体会记录在表中。

项目1 打印设备调试

表 1-5 设备调平操作记录表

序号	操作步骤	技术要点提示	操作记录及体会
1	进行回零操作,等待平台上升 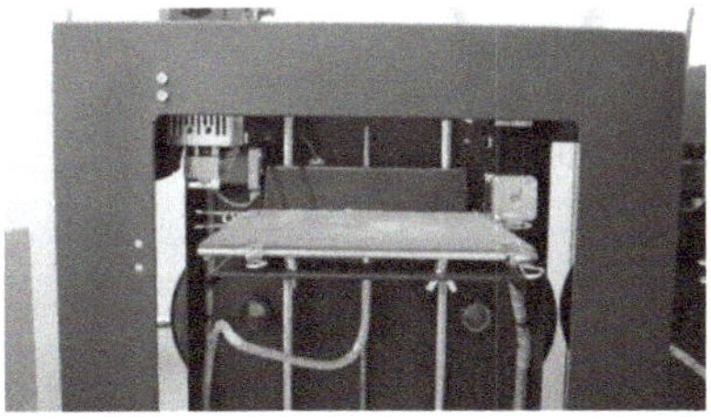	单击"准备"进入菜单,单击"机器归零"	
2	解锁步进电机 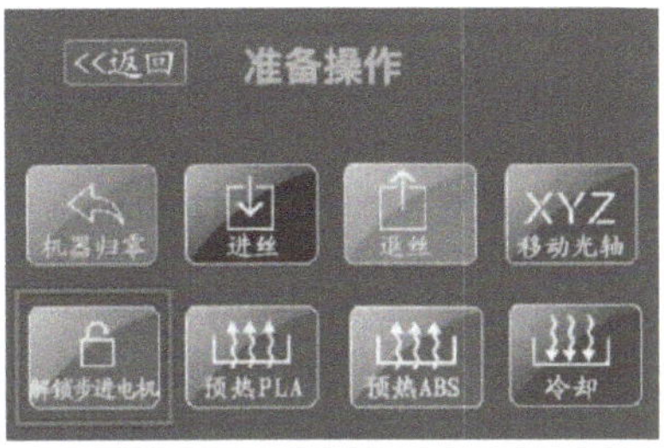	单击"准备"进入菜单,单击"解锁步进电机"	
3 粗调打印平台	调平要求:眼睛平视喷嘴,喷嘴与平台之间的距离是 0.15~0.25mm(一张名片的厚度) 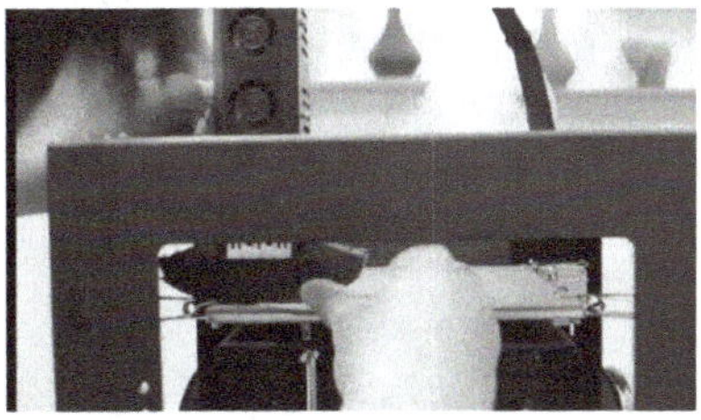	将一张名片放在喷嘴和平台之间,名片刚好能通过,有少许阻力但又不会被卡死	
	调整方法:依次移动喷嘴到平台四个角,分别调试玻璃板与喷嘴之间的距离 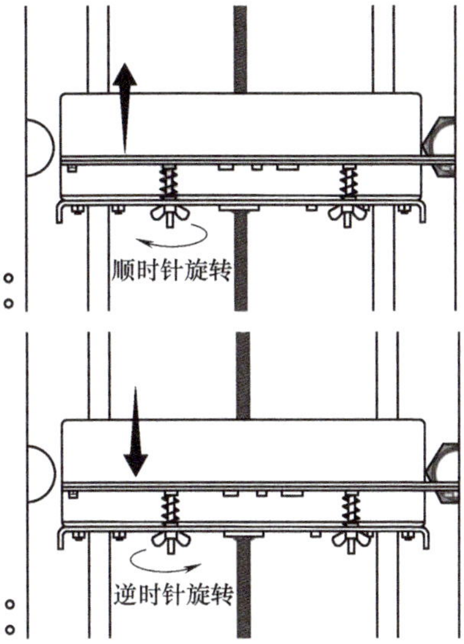	顺时针旋转螺母,玻璃板向上,逆时针旋转螺母,玻璃板向下,调试多次直到达到要求为止。如果距离过大,就要顺时针旋转平台螺母,使平台向上;如果距离过小碰到喷嘴,就逆时针旋转螺母,使平台向下	

(续)

序号	操作步骤	技术要点提示	操作记录及体会
4 微调打印平台	把优盘插入 USB 插口中,单击"打印",选择调试平台专用的 TS.gcode 文件,进行打印	打印机开始打印时,眼睛要平视打印平台,再次查看喷嘴跟平台距离大概是一张纸的厚度	
	查看第一层的效果来对平台进行微调,打印完第一层即可停止打印,进行微调和下一次的调试打印	如果出来的丝是呈锯齿状,说明平台和喷嘴距离过大,丝是从喷嘴甩下来而不是刚好贴紧的。这时稍微顺时针旋转螺母,使平台向上,直到现象消失,出现贴紧的线条为止 如果发现出丝过细或者出丝不连贯,说明喷嘴与平台的距离过小,导致喷嘴出丝量过小。这时稍微逆时针旋转螺母,使平台向下,直到出丝量饱满顺畅为止 调整好的平台打印效果应该是出丝饱满并且线条压平贴紧平台	

注:如果发现打印时,喷嘴跟平台距离过大或者过小,请停止打印,重新调整平台直到平台跟喷嘴距离合适为止。多数情况下的打印失败都是由于平台没调好造成的,所以请按照上述要求反复调试,确定平台高度已调到最佳。并且在打印第一层的时候,最好看着机器打印,确认机器打印正常后才离开。

三、其他问题

在设备调试过程中,你还遇到了哪些问题,是如何解决的,请记录在表 1-6 中。

表 1-6 问题记录表

遇到的问题	解决方法

四、项目验收

1）在验收阶段，各小组派出代表进行交叉验收，填写验收过程问题记录表，记录表模板见表1-7。

表1-7 验收过程问题记录表

验收问题	整改措施	完成时间	备注

2）以小组为单位，认真填写打印机调试任务验收报告，验收报告模板见表1-8。

表1-8 打印机调试任务验收报告表

工程项目名称			
操作单位		联系人	
地址		电话	
项目负责人		操作周期	
工程概况			
现存问题		完成时间	
改进措施			
验收结果	主观评价	客观测试	操作质量

学习活动4 工作总结与评价

一、工作总结

以小组为单位，选择演示文稿、展板、海报、录像等形式中的一种或几种，向全班展示，汇报学习成果。根据表1-9评分标准进行评分。

表1-9 任务测评表

评分内容		分值	评分		
			自我评分	小组评分	教师评分
连接设备	设备连接正确、到位	10			
	零部件无损伤	10			
调试打印机	调平步骤正确	20			
	调平结果符合打印要求	20			
试打印	打印操作正确	10			
	打印机吐丝顺畅圆润	10			
安全文明生产	遵守安全文明生产规程	10			
	操作完成后认真清理现场	10			
合计		100			

二、综合评价

综合评价可以运用表格形式进行记录，综合评价表模板见表1-10

表1-10 综合评价表

评价项目	评价内容	评价标准	评价方式		
			自我评价	小组评价	教师评价
职业素养	安全意识、责任意识	A. 作风严谨、自觉遵章守纪、出色地完成工作任务 B. 能遵守规章制度、较好地完成工作任务 C. 遵守规章制度、没完成工作任务，或虽完成工作任务但未严格遵守或忽视规章制度 D. 不遵守规章制度，没完成工作任务			
	团队合作意识	A. 与同学协作融洽、团队合作意识强 B. 与同学沟通、协同工作能力较强 C. 与同学沟通、协同工作能力一般 D. 与同学沟通困难、协同工作能力较差			
专业能力	学习活动1	A. 按时、完整地完成工作，问题回答正确，数据记录准确 B. 按时、完整地完成工作，问题回答基本正确，数据记录基本准确 C. 未能按时完成工作，或内容遗漏、错误较多 D. 未完成工作			
	学习活动2	A. 按时、完整地完成工作，问题回答正确，数据记录准确 B. 按时、完整地完成工作，问题回答基本正确，数据记录基本准确 C. 未能按时完成工作，或内容遗漏、错误较多 D. 未完成工作			
	学习活动3	A. 按时、完整地完成工作，问题回答正确，数据记录准确 B. 按时、完整地完成工作，问题回答基本正确，数据记录基本准确 C. 未能按时完成工作，或内容遗漏、错误较多 D. 未完成工作			
创新能力		学习过程中提出具有创新性、可行性的建议	加分奖励：		
	学生姓名		综合评定等级		
	指导老师		日期		

习 题

结合本任务所掌握的打印机调试技能，尝试对实训室其他型号的FDM 3D打印机进行安装调试。

任务1.2 三维扫描仪的调试

学习目标

1. 了解三维扫描仪的基本构造
2. 能够正确安装扫描仪
3. 能够完成扫描仪的标定
4. 具备设备调试员的安全意识和职业素养

建议课时：4课时

工作场景描述

公司增材制造部搬迁，三维扫描仪需要重新安装调试，设备维护员小王接到任务后，按要求完成相关工作。

工作流程与活动

1. 明确工作任务——扫描仪性能认知
2. 操作前的准备——扫描仪结构认知
3. 现场操作——扫描仪安装与调试
4. 工作总结与评价

三维扫描仪的调试任务介绍

学习活动1 明确工作任务——扫描仪性能认知

一、勘察现场

勘察打印机安装操作现场的基本情况，做好记录，记录表模板见表1-11。

表1-11 操作现场情况记录表

项目名称	技术要点	现场记录
安装位置	远离水和高温	
	避免强光照射，确保扫描时可以得到较暗的室内环境	
	有平稳的工作台，空间合适，可以放置扫描转盘等物品	
电源线、电源适配器	使用原厂制造商适配器	
计算机	Windows 操作系统	
	CPU：Intel Core2 P8700 以上	
	内存：4GB 以上	
	显卡：显存 1GB 以上	
	显示器：支持双显示器输出	

二、性能认知

搜集资料，了解该扫描仪的主要参数性能，完成表1-12的信息填写。

表1-12 三维天下Win3DD扫描仪主要参数

序号	参数名称	参数指标
1	设备型号	
2	技术原理	
3	工业相机数量	
4	工业相机分辨率	
5	单幅扫描时间	
6	点云间距	
7	单幅精度	
8	外插接头数量	

学习活动2 操作前的准备——扫描仪结构认知

一、结构认知

观察三维天下Win3DD扫描仪实物，结合图1-4所示设备结构图片，将扫描仪硬件系统各部分的名称补充完整。

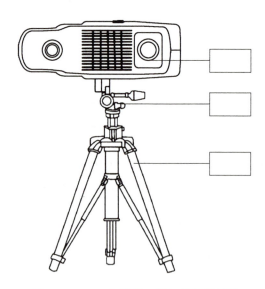

图1-4 Win3DD单目三维扫描仪的结构

根据老师的讲解，分别取出硬件系统各部分设备，了解各部分功能，见表1-13。

表 1-13　Win3DD 单目三维扫描仪设备组成部件功能

序号	图片	特别提示
1	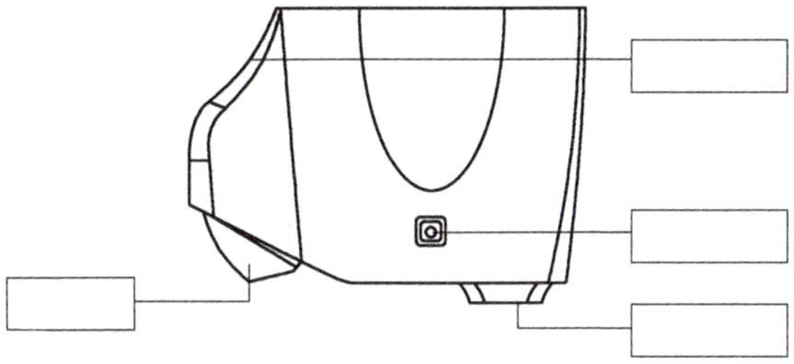	（1）避免发生碰撞，造成不必要的硬件系统损坏或影响扫描数据质量 （2）禁止碰触相机镜头和光栅投射器镜头，如需擦试镜头，要使用镜头纸 （3）扫描头扶手仅用于云台对扫描头做上下、水平、左右调整时使用。严禁在搬运扫描头时使用此扶手
2	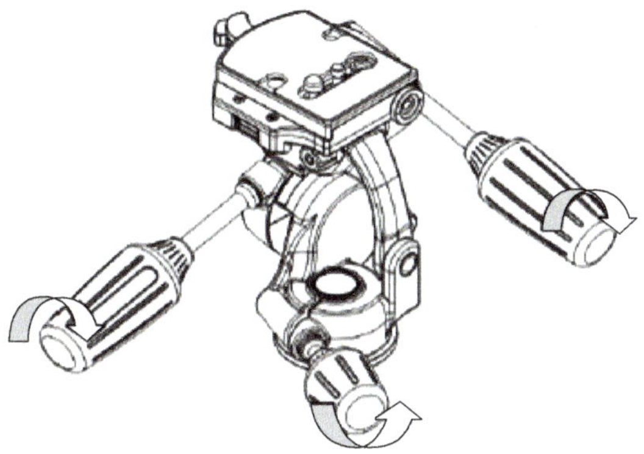	图示的三个手柄可以调整云台旋转，使扫描头进行多角度转向
3	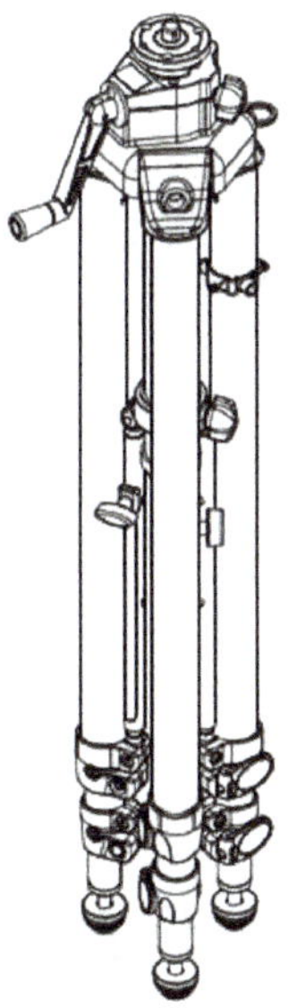	通过调整三脚架旋钮可以对扫描头的高低进行调整。在角度、高低调整结束后，一定要将云台及三脚架各方向的螺钉锁紧，否则可能会由于固定不紧造成扫描头内部器件发生碰撞，导致硬件系统损坏；也可能由于在扫描过程中硬件系统晃动，对扫描结果产生影响

二、工具准备

在进行安装前，请先了解扫描仪正常工作所需的附件，并在表 1-14 中确认。

表 1-14　扫描仪附件

配件			
名称	连接线缆	加密狗	标定板
是否备好			
配件			
名称	黑色转盘垫块	手动二维转盘	工业橡皮泥
是否备好			
配件			
名称	黑色背景布	扫描标志点	显像剂
是否备好			

学习活动 3　现场操作——扫描仪安装与调试

学习目标

1. 能够完成扫描仪的硬件设备的连接
2. 能够完成扫描仪的软件连接

3. 能够完成扫描仪的标定

学习过程

1-3 扫描仪
安装与调试

一、连接设备

硬件连接操作步骤及技术要点见表 1-15，并将操作过程及体会记录在表中。

表 1-15 硬件连接操作记录表

序号	操作步骤	技术要点提示	操作记录及体会
1	设备组装	（1）为避免发生碰撞，可以在组装好云台与三脚架后，再将扫描头固定在云台上 （2）安装过程禁止碰触相机镜头和光栅投射器镜头	
2	连接线缆	（1）将线缆红点标记一侧向上，引脚对正后插入 （2）如需拔出线缆，只需轻轻向后拉动线缆的银色外壳，避免出现非正常使用的人为拖拽、碾压、拉扯、弯折等行为，严禁拉拽方框之外的线缆任何区域	
3	连接计算机	（1）将线缆的另一端插入计算机主机接口 （2）按下启动按钮，根据投影仪投射出的光影位置，通过三脚架及云台调整投影仪的角度、高低，直到找到合适的投影区域	

（续）

序号	操作步骤	技术要点提示	操作记录及体会
4	将加密狗插入计算机 USB 接口		

二、安装驱动与扫描软件

软件连接操作步骤及技术要点见表 1-16，并将操作过程及体会记录在表中。

表 1-16　软件连接操作记录表

序号	操作步骤	技术要点提示	操作记录及体会
1	安装 MCRInstaller.exe	打开"三维数据采集插件"文件夹后，将 V14 文件夹复制到 C：\Program Files\Geomagic\Common 目录（以自己的安装目录为准） 将 World3D 文件夹复制到 C：\Program Files\3Dsystems\Geomagic Wrap 2015 目录（以自己的安装目录为准）下，即 Wrap.exe 的同级目录	
2	单击"选项"按钮，进行驱动检查	单击"数字化仪"，在"插件"选项组中的"扫描插件"一栏，出现"Win3D Scanner"选项，说明驱动安装成功	

18

（续）

序号	操作步骤	技术要点提示	操作记录及体会
3	启动专用计算机、硬件系统	使扫描系统预热 5~10min，以保证标定状态与扫描状态尽可能相近	
4	单击 Wrap 图标启动 Wrap_Win3D 三维扫描系统软件，单击"采集"→"扫描"按钮，进入软件界面，界面中将出现"Win3D Scanner"选项，单击"确定"按钮	该界面显示"打开相机成功"，说明软件启动成功	
5	菜单栏功能认识	（1）工程管理 新建工程：在对被扫描工件进行扫描之前，必须首先新建工程，即设定本次扫描的工程名称、相关数据存放的路径等信息 打开工程：打开一个已经存在的工程 （2）视图 标定/扫描：主要用于扫描视图与标定视图的相互转换 （3）相机操作 参数设置：对相机的相关参数进行调整 （4）光机操作 投射十字：控制光栅投射器投射出一个十字叉，用于调整扫描距离 （5）帮助 帮助文档：显示帮助文档 注册软件：输入加密序列码	

三、设备标定

首次启动或设备被挪用搬运后，需要在正式扫描前对设备进行标定以确保扫描系统的精度，扫描仪标定操作记录表见表 1-17。

1-4 扫描仪设备标定

表1-17 扫描仪标定操作记录表

序号	操作步骤	技术要点提示	操作记录及体会
1	调整扫描距离	(1) 将标定板放置在视场中央，通过调整硬件系统的高度以及俯仰角，使两个十字叉尽可能重合 (2) 如看不清两个十字可以在标定前在标定区域放置A4纸使十字更为清晰，然后调整十字重合，再进行标定	
2	单击Wrap-Win3D三维扫描系统菜单栏中的"视图"-"标定/扫描"按钮，即可打开标定视图界面（相机实时显示区、标定操作按钮、相机标志点提取显示区、区域切换键、标定操作提示区）	(1) 开始标定：开始执行标定操作 (2) 标定步骤：开始标定操作，即下一步操作 (3) 重新标定：若标定失败或零点误差较大，单击此按钮重新进行标定 (4) 显示帮助：引导用户按图所示放置标定板 (5) 标定信息显示区：显示标定步骤及进行下一步提示，显示定成功的信息 (6) 相机标志点提取显示区：显示相机采集区域提取成功的标志点圆心位置（用绿色十字叉表示） (7) 相机实时显示区：对相机采集区域进行实时显示，用于观测标定板的位置	

项目1 打印设备调试

(续)

序号	操作步骤	技术要点提示	操作记录及体会
3	开始标定：根据显示帮助，开始标定过程。标定注意事项（标定的每步都要将标定板上至少88个标志点都提取出来才能继续下一步标定。） 步骤一：将标定板水平放置，调整扫描距离后单击"标定步骤1"，此时完成了第一步 步骤二：标定板不动，调整三脚架，使硬件系统高度升高40mm，满足要求后单击"标定步骤2"，完成第二步	高度变化后调整标定板使其在投影范围内 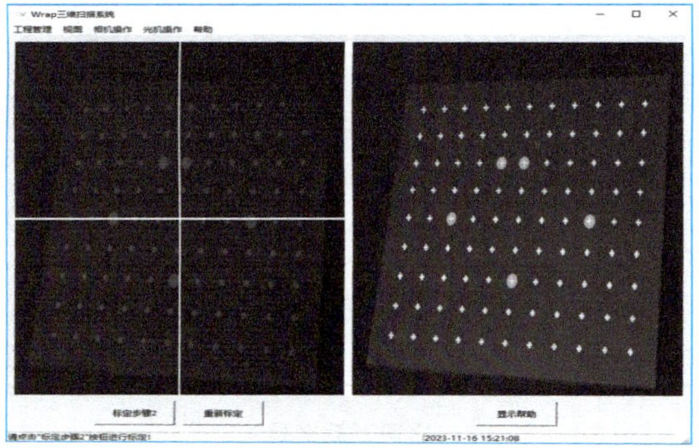	

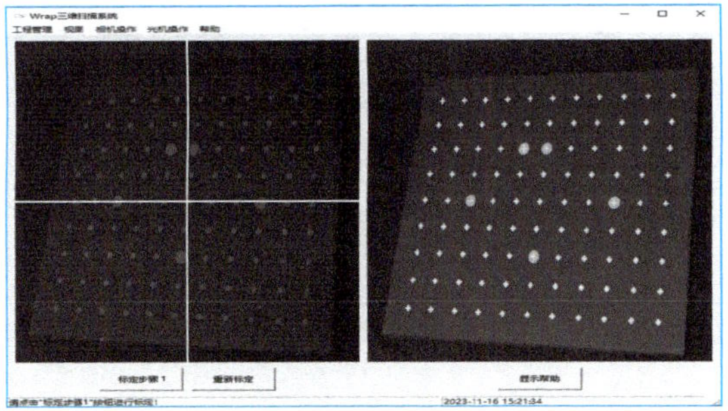

21

序号	操作步骤	技术要点提示	操作记录及体会（续）
3	开始标定：根据显示帮助，开始标定过程。标定注意事项（标定的每步都要将标定板上至少88个标志点被提取出来才能继续下一步标定。）		
	步骤三：标定板不动，调整三脚架，使硬件系统高度降低80mm，单击"标定步骤3"，然后调整三脚架，将硬件系统开高40mm，进入下一步	高度变化后调整标定板使其在投影范围内	
	步骤四：硬件系统高度不变，将标定板正对光栅投射器，单击"标定步骤4"，完成第四步		

序号	操作步骤	技术要点提示	操作记录及体会（续）
3	开始标定：根据显示帮助，开始标定过程。标定注意事项（标定的每步都要将标定板上至少88个标志点数提取出来才能继续下一步标定。）		
	步骤五：硬件系统高度不变，将标定板沿同一方向旋转90°，单击"标定步骤5"，完成第五步		
	步骤六：硬件系统高度不变，将标定板沿同一方向旋转90°，单击"标定步骤6"，完成第六步		

序号	操作步骤	技术要点提示	操作记录及体会（续）
3	开始标定：根据显示帮助，开始标定过程。标定注意事项（标定板上至少88个标志点被提取出来才能继续下一步标定）。		
	步骤七：硬件系统高度不变，将标定板沿同一方向旋转90°，垫起与相机异侧的一边，角度约为30°，让标定板正对相机，单击"标定步骤7"，完成第七步		
	步骤八：硬件系统高度不变，垫起角度不变，将标定板沿同一方向旋转90°，单击"标定步骤8"，完成第八步		

项目1 打印设备调试

（续）

序号	操作步骤	技术要点提示	操作记录及体会
3	开始标定：根据显示帮助，开始标定过程。标定注意事项（标定的每步都要将标定板上至少88个标志点都提取出来才能继续下一步标定。） 步骤九：硬件系统高度不变，垫起角度不变，将标定板沿同一方向旋转90°，单击"标定步骤9"，完成第九步 步骤十：硬件系统高度不变，垫起角度不变，将标定板沿同一方向旋转90°，单击"标定步骤10"，完成第十步		
4	上述十步全部完成后，在标定信息显示区显示标定结果	计算完参数执行完毕！标定结果平均误差：0.032 如果标定不成功会提示"标定误差较大，请重新标定" 如果标定成功会显示：	

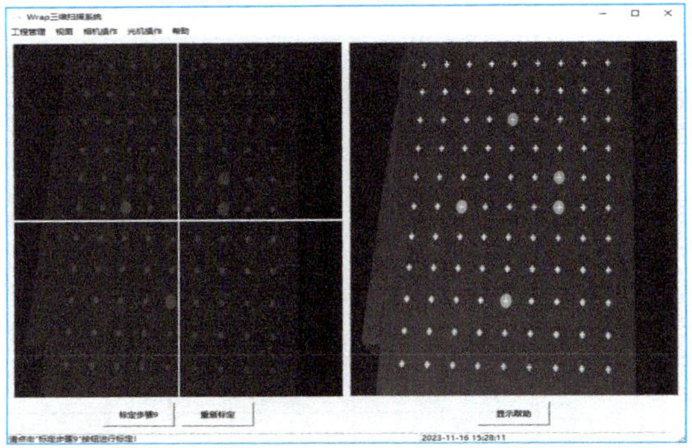

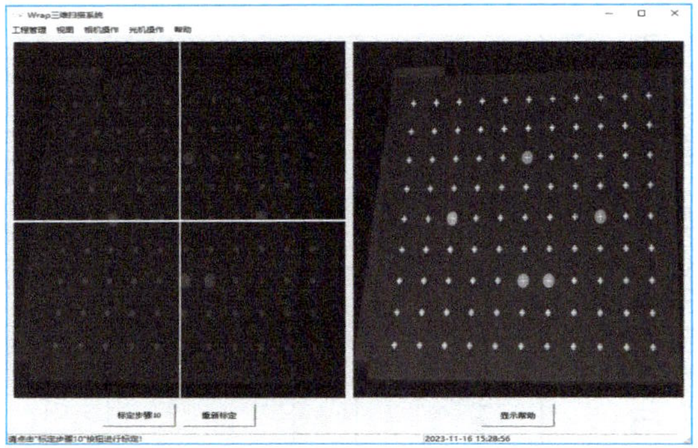

学习活动 4　工作总结与评价

一、工作总结

以小组为单位，选择演示文稿、展板、海报、录像等形式中的一种或几种，向全班展示，汇报学习成果，并根据表 1-18 评分标准进行评分。

表 1-18　任务测评表

评分内容		分值	评分		
			自我评分	小组评分	教师评分
连接设备	设备连接正确、到位	10			
	零部件无损伤	10			
安装驱动和扫描软件	正确找到驱动安装位置	10			
	确认扫描软件安装成功	10			
设备标定	标定步骤正确	20			
	操作规范	10			
	标定误差在允许范围内	10			
安全文明生产	遵守安全文明生产规程	10			
	操作完成后认真清理现场	10			
合计		100			

二、综合评价

综合评价标准及记录表见表 1-19。

表 1-19　综合评价表

评价项目	评价内容	评价标准	评价方式		
			自我评价	小组评价	教师评价
职业素养	安全意识、责任意识	A. 作风严谨、自觉遵章守纪、出色地完成工作任务 B. 能遵守规章制度、较好地完成工作任务 C. 遵守规章制度、没完成工作任务，或虽完成工作任务但未严格遵守或忽视规章制度 D. 不遵守规章制度、没完成工作任务			
	团队合作意识	A. 与同学协作融洽、团队合作意识强 B. 与同学沟通、协同工作能力较强 C. 与同学沟通、协同工作能力一般 D. 与同学沟通困难、协同工作能力较差			

项目1 打印设备调试

（续）

评价项目	评价内容	评价标准	评价方式		
			自我评价	小组评价	教师评价
专业能力	学习活动1	A. 按时、完整地完成工作，问题回答正确，数据记录准确 B. 按时、完整地完成工作，问题回答基本正确，数据记录基本准确 C. 未能按时完成工作，或内容遗漏、错误较多 D. 未完成工作			
	学习活动2	A. 按时、完整地完成工作，问题回答正确，数据记录准确 B. 按时、完整地完成工作，问题回答基本正确，数据记录基本准确 C. 未能按时完成工作，或内容遗漏、错误较多 D. 未完成工作			
	学习活动3	A. 按时、完整地完成工作，问题回答正确，数据记录准确 B. 按时、完整地完成工作，问题回答基本正确，数据记录基本准确 C. 未能按时完成工作，或内容遗漏、错误较多 D. 未完成工作			
	创新能力	学习过程中提出具有创新性、可行性的建议	加分奖励：		
	学生姓名		综合评定等级		
	指导老师		日期		

习　　题

结合本任务所掌握的扫描仪调试技能，尝试对实训室其他型号的三维扫描仪进行安装调试。

拓展知识1　三维扫描的历史与发展

1. 三维扫描简介

三维扫描是集光、机、电和计算机技术于一体的高新技术，主要用于对物体的空间外形、结构及色彩进行扫描，以获得物体表面的空间坐标。它的重要意义在于能够将实物的立体信息转换为计算机能直接处理的数字信号，为实物数字化提供了相当方便快捷的手段。三维扫描技术具有速度快、精度高的优点，其测量结果能直接与多种软件接口，这使它在CAD、CAM、CIMS等技术应用日益普及的今天很受欢迎。

三维扫描仪（3D scanner）是一种进行三维扫描的科学仪器，用来侦测并分析现实世界中物体或环境的形状（几何构造）与外观数据（如颜色、表面反照率等性质），三维扫描工作场景如图1-5所示。

三维扫描仪搜集到的数据常被用来进行三维重建计算，在虚拟世界中创建实际物体的数字模型。在发达国家的制造业中，三维扫描仪作为一种快速的立体测量设备，因其测量速度快、精度高、非接触、使用方便等优点而得到越来越多的应用。用三维扫描仪对样品、模型进行扫描，可以得到其立体尺寸数据，这些数据能直接与CAD、CAM软件接口，在CAD系统中可以对数据进行调整、修补，再送到加工中心或快速成型设备上制造，可以极大地缩短产品制造周期。

图1-5 三维扫描工作场景

2. 三维扫描仪的种类

三维扫描仪分为接触式三维扫描仪（也称三坐标测量仪，如图1-6所示）和非接触式三维扫描仪。其中，非接触式三维扫描仪又分为光栅三维扫描仪（也称拍照式三维描仪）和激光扫描仪（如图1-7所示）。而光栅三维扫描又有白光扫描或蓝光扫描等，激光扫描仪又有点激光、线激光、面激光的区别。

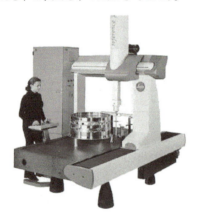

图1-6 三坐标测量仪

图1-7 三维激光扫描仪

3. 三维扫描仪的发展

1884年，德国工程师尼普科夫（Paul Gottlieb Nipkow）利用硒光电池发明了一种机械扫描装置，这种装置在后来的早期电视系统中得到了应用，到1939年机械扫描系统被淘汰。虽然跟100多年后利用计算机来操作的扫描仪没有必然的联系，但从历史的角度来说这算是人类历史上最早使用的扫描技术。

扫描仪是光机电一体化产品，它由扫描头、控制电路和机械部件组成。扫描仪采取逐行扫描，得到的数字信号以点阵的形式保存，再使用文件编辑软件将它编辑成标准格式的文本储存在磁盘上。从诞生至今，扫描仪的种类多种多样，并在不断地发展着。

4. 三维扫描仪的用途

三维扫描仪的用途是创建物体几何表面的点云（point cloud），这些点可以用来插补成物体的表面形状，越密集的点云可以创建越精确的模型（这个过程称作三维重建）。若扫描仪能够取得表面颜色，则可进一步在重建的表面上粘贴材质贴图，即所谓的材质映射（texture mapping）。此外，三维扫描仪也可以模拟为照相机，它们的视线范围都体现圆锥状，信息的搜集皆限定在一定的范围内。两者不同之处在于相机所抓取的是颜色信息，而三维扫描仪测量的是距离。

拓展知识 2　三维扫描仪的应用领域

最近几年，三维扫描技术不断发展并日渐成熟，三维扫描仪的巨大优势在于可以快速扫描被测物体，不需要反射棱镜即可直接获得高精度的扫描点云数据。这样一来可以高效地对真实世界进行三维建模和虚拟重现。因此，其已经成为当前研究的热点之一，并在文物数字化保护、土木工程、工业测量、自然灾害调查、数字城市地形可视化、城乡规划等领域有广泛的应用。

（1）测绘工程领域：大坝和电站基础地形测量、公路测绘、铁路测绘、河道测绘、桥梁、建筑物地基等测绘、隧道的检测及变形监测、大坝的变形监测等。

（2）结构测量方面：桥梁改扩建工程、桥梁结构测量、结构检测、监测、几何尺寸测量、空间位置冲突测量、空间面积测量、体积测量，三维高保真建模、海上平台、造船厂、电厂、化工厂等大型工业企业内部设备的测量，管道、线路测量、各类机械制造安装等。

（3）建筑、古迹测量方面：建筑物内部及外观的测量保真、古迹（古建筑、雕像等）的保护测量、文物修复、资料保存等古迹保护，遗址测绘，赝品成像，现场虚拟模型，现场保护性影像记录等。古迹测量工作现场如图 1-8 所示。

（4）紧急服务业：反恐怖主义监测如：陆地侦察和攻击测绘、监视、移动侦察、交通事故正射图、犯罪现场正射图，灾害预警和现场监测如森林火灾监控、滑坡泥石流预警、核泄漏监测等。

（5）娱乐业：用于电影产品的设计、为电影演员和场景进行的设计、3D 游戏的开发、虚拟博物馆、虚拟旅游指导，3D 虚拟人物开发（如图 1-9 所示），场景虚拟、现场虚拟等。

图 1-8　古迹测量工作现场

图 1-9　3D 虚拟人物开发

项目2　模型正向设计与打印

任务2.1　镂空灯罩的打印

学习目标

1. 了解FDM打印的工作原理
2. 熟悉切片软件操作
3. 能够完成典型STL模型文件的切片处理
4. 能够熟练操作打印机，完成打印任务
5. 具备沟通能力和根据需求制定工作计划的能力

建议课时：6课时

工作场景描述

公司接到一批镂空灯罩（如图2-1所示）的制作订单，客户提供产品模型的STL文件，要求通过3D打印的方式进行制作，交付打印成品件100个（为便于后期处理，客户要求交付白色PLA材料灯罩）。现主管将该任务交给你，要求你当天完成样件制作，与客户沟通样件外观无误后，约定交期，并合理安排生产，确保订单如期交付。

镂空灯罩的打印任务介绍

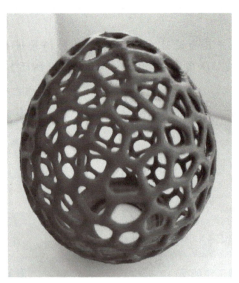

图2-1　镂空灯罩

工作流程与活动

1. 明确工作任务——3D打印的优势
2. 操作前的准备——3D打印的原理
3. 现场操作——Cura切片软件的使用
4. 工作总结与评价

学习活动1　明确工作任务——3D打印的优势

一、工作准备

引导问题1：思考客户需要的模型，用传统的注塑成型工艺可以完成吗？

引导问题2：为什么3D打印可以完成该工件的制作？

二、获取信息

与客户进行沟通，了解客户需求，获取有效信息，并记录在表2-1中。

表2-1　洽谈沟通表

产品名称		洽谈时间	
客户公司		客户姓名	
客户地址		联系方式	
客户可以提供的资料			
客户需求信息（根据工作场景获取有效信息）			
项目名称	沟通要点		现场记录
订单数量	确定准确的订单数量		
产品用途	明确产品最终用途，确认客户方案（采用3D打印方式制造）是否合理		
性能要求	明确客户对交付件的要求（外观、材质、颜色），确认是否可以达到要求		
交期要求	结合公司现有设备情况（机器数量、工作效率），初步确定交期		

学习活动2　操作前的准备——3D打印的原理

一、原理认知

查阅资料，回答以下问题：

动画　3D打印最快成型方式LCD　　动画　光固化3D打印　　动画　金属3D打印　　动画　高速打印机

引导问题1：目前主流的3D打印技术有哪些？

引导问题2：什么是STL文件，STL文件可以直接进行打印吗？

二、材料认知

查阅资料，回答以下问题。

引导问题1：目前主流的FDM 3D打印常用的耗材种类有哪些？

引导问题2：本活动使用的这款打印机适用哪些种类的耗材？

学习活动3　现场操作——Cura切片软件的使用

一、导入模型

操作步骤及技术要点见表2-2，并将操作过程及体会记入表2-2中。

二、调整模型

调整模型操作步骤及技术要点见表2-3，并将操作过程及体会记录在表中。

项目2 模型正向设计与打印

表2-2 导入模型操作记录表

序号	操作步骤	技术要点提示	操作记录及体会
1	启动 Cura 软件	（1）初次运行 Cura 软件时，需要首先在"设备"菜单中，匹配相应的打印机机型 （2）这里使用的打印机机型是_____	
2	单击 图标，导入模型	确认 STL 文件所在位置，以便快速导入模型	

表2-3 调整模型操作记录表

序号	操作步骤	技术要点提示	操作记录及体会
1	用鼠标左键单击模型，移动模型；滚动鼠标滚轮可以放大或缩小视角；按住鼠标右键可以改变查看角度	（1）用鼠标单击模型，左下角会出现3个图标 （2）这三个图标分别是_____、_____、_____，可以自己操作试一下	

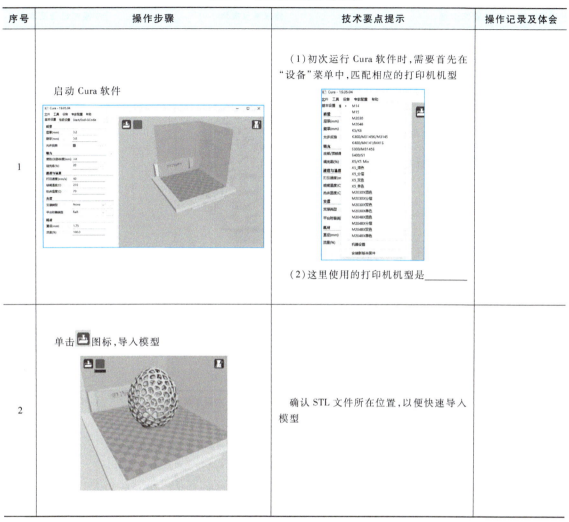

33

(续)

序号	操作步骤	技术要点提示	操作记录及体会
2	使用移动、旋转、缩放、镜像这4个功能,把模型的位置、角度、大小调整合适	(1)确认模型尺寸 (2)打印技巧——底部平坦 选择底部平坦的一面放置模型(你知道这是为什么吗?)	

三、参数设置

参数设置操作步骤及技术要点见表2-4,并将操作过程及体会记录在表中。

表2-4 参数设置操作记录表

序号	操作步骤	技术要点提示	操作记录及体会
1	根据模型特点,在"基本设置"菜单中,修改参数	(1)层厚:每层打印的高度,最大层高不得超过喷头直径的80% (2)壁厚:模型侧面外壁的厚度,应设置为喷头直径的整数倍 (3)允许反抽:允许挤出机反转,避免喷头空走时,耗材漏出。一般都要勾上 (4)底部/顶部厚度:模型上下面的厚度,一般为层高的整数倍 (5)填充设置:模型内部的填充密度,可调范围为0~100%。0为全部空心,100%为全部实心,根据打印模型强度需要自行调整,一般为20% (6)打印速度:打印时喷嘴的移动速度。一般可调范围为25.0~50.0mm/s。建议打印复杂模型使用低速,简单模型使用高速,通常使用40.0mm/s即可,速度过高会引起送丝不足等问题 (7)打印温度:熔化耗材的温度,不同厂家的耗材熔化温度不同,一般PLA为210℃,ABS为230℃ (8)热床温度:一般PLA为60~70℃;ABS为95~110℃ (9)支撑类型:打印有悬空部分的模型时可选择的支撑方式,默认为无。选择"touching building(延伸到平台)"为部分支撑。选择"everywhere(所有悬空)"会为所有悬空添加支撑,在层模式中可以查看效果 (10)粘附平台:在模型的下面添加一个底座,可以减缓热床不平带来的影响,也可以防止模型粘床。在层模式中可以查看效果 (11)打印材料直径:是指耗材的直径,一般都为1.75mm (12)打印材料流量:设置为100%即可 (13)喷嘴孔径:打印机喷嘴大小,一般为0.4mm	思考:层厚会影响对打印的哪些方便有影响 思考:顶/底部厚度会影响对打印效果产生什么影响

（续）

序号	操作步骤	技术要点提示	操作记录及体会
2	查看打印效果单击软件界面右上角 图标,可以改变模型查看模式,共有 5 种查看模式	Normal:正常模式,可以正常查看模型 Overhang:悬垂模式,该模式会把模型所有悬空的部分显示成红色,方便用户判断是否需要添加支撑 Transparent:透明模式,在该模式下模型会变成透明的,方便查看模型的内部构造 X-ray:X 光模式,与透明模式类似,用于查看模型内部构造。在此模式下,模型的表面会被忽略,这样更加突出内部的构造 Layers:分层模式,用得最多,用于查看模型每层的切片情况。在此模式下,支撑和底座都能看到,3D 打印机最后会按照这个模式所显示的那样,一层一层地打印	
3	确认打印时间	完成切片参数设置,待左上角进度条加载完成后,确认模型完成打印所需要的时间	
4	保存 G 代码	参数设置完成后,单击"保存" 图标,选择需要保存的存储设备,就可以把模型保存为 G 代码了	

四、记录打印方案

打印方案记录表见表 2-5。

表 2-5　打印方案记录表

类别		参数
机型		
质量	层厚	
	壁厚	
	允许反抽	
填充	底部/顶部厚度	
	填充率	
速度与温度	打印速度	
	喷嘴温度	
	热床温度	

（续）

类别		参数
支撑	支撑类型	
	平台附着类型	
耗材	直径	
	流量	
打印时间		
耗材消耗长度		
耗材消耗重量		

五、完成打印

将存储有镂空灯罩 G 代码的优盘插入打印机，参照项目 1 中 FDM 打印机的调试一节所掌握的打印机操作技能，完成镂空灯罩打印任务。

学习活动 4　工作总结与评价

一、工作总结

以小组为单位，选择演示文稿、展板、海报、录像等形式中的一种或几种，向全班展示，汇报学习成果，并参照表 2-6 进行任务完成度测评。

表 2-6　任务测评表

评分内容		分值	评分		
			自我评分	小组评分	教师评分
获取信息	与客户沟通顺畅，获取信息准确	5			
	记录表填写完整	5			
导入模型	正确选择设备	10			
	正确导入模型	2			
调整模型	模型摆放合理	10			
	模型数据读取正确	3			
参数设置及记录	参数设置合理	10			
	参数记录完整	5			
完成打印	打印操作正确	10			
	打印过程出丝顺畅	10			
	打印的模型外观光滑，无明显瑕疵	10			
安全文明生产	遵守安全文明生产规程	10			
	操作完成后认真清理现场	10			
合计		100			

二、综合评价

综合评价表见表 2-7。

表 2-7 综合评价表

评价项目	评价内容	评价标准	评价方式		
			自我评价	小组评价	教师评价
职业素养	安全意识、责任意识	A. 作风严谨、自觉遵章守纪、出色地完成工作任务 B. 能遵守规章制度、较好地完成工作任务 C. 遵守规章制度、没完成工作任务,或虽完成工作任务但未严格遵守或忽视规章制度 D. 不遵守规章制度,没完成工作任务			
	团队合作意识	A. 与同学协作融洽、团队合作意识强 B. 与同学沟通、协同工作能力较强 C. 与同学沟通、协同工作能力一般 D. 与同学沟通困难、协同工作能力较差			
专业能力	学习活动1	A. 按时、完整地完成工作,问题回答正确,数据记录准确 B. 按时、完整地完成工作,问题回答基本正确,数据记录基本准确 C. 未能按时完成工作,或内容遗漏、错误较多 D. 未完成工作			
	学习活动2	A. 按时、完整地完成工作,问题回答正确,数据记录准确 B. 按时、完整地完成工作,问题回答基本正确,数据记录基本准确 C. 未能按时完成工作,或内容遗漏、错误较多 D. 未完成工作			
	学习活动3	A. 按时、完整地完成工作,问题回答正确,数据记录准确 B. 按时、完整地完成工作,问题回答基本正确,数据记录基本准确 C. 未能按时完成工作,或内容遗漏、错误较多 D. 未完成工作			
创新能力		学习过程中提出具有创新性、可行性的建议	加分奖励:		
学生姓名			综合评定等级		
指导老师			日期		

习 题

结合本任务所掌握的切片技能,完成如图 2-2 所示褶皱灯 STL 文件的切片处理。

图 2-2 褶皱灯

任务 2.2　伸缩晾衣架接头的设计与打印

学习目标

1. 能够正确识读工程图纸
2. 能够使用 UG NX 软件完成单一模型创建
3. 能够根据模型特点正确选择切片参数
4. 能够根据打印效果，合理调整模型数据
5. 具备沟通能力和创新意识

建议课时：8 课时

工作场景描述

为节省人工和用料成本，某厂家要对其生产的一款可伸缩晾衣架的管接头进行升级，升级前的实物图如图 2-3 所示。客户给出了升级后的概念图（如图 2-4 所示）及工程图纸，希望公司对产品进行优化设计，并通过 3D 打印的方式打印出 1~2 个样品进行性能测试。

图 2-3　升级前实物图

伸缩晾衣架接头的设计与打印任务介绍

图 2-4　升级后概念图

工作流程与活动

1. 明确工作任务——图纸分析
2. 操作前的准备——建模软件认知
3. 现场操作——建模、混色模式的切片处理及打印
4. 工作总结与评价

学习活动 1　明确工作任务——图纸分析

一、工作准备

1）思考客户选择用 3D 打印的方式进行新产品开发的优点，并记录在表 2-8 中。

表 2-8　利用 3D 打印方式进行新产品开发的优点

序号	优点的描述
1	
2	
3	

2）与客户进行沟通，了解客户需求，获取有效信息，并记录进表 2-9 中。

表 2-9　洽谈沟通表

产品名称		洽谈时间	
客户公司		客户姓名	
客户地址		联系方式	
客户可以提供的资料			
客户需求信息（根据工作场景获取有效信息）			
项目名称	沟通要点		现场记录
订单数量	确定准确的订单数量		
产品用途	明确产品最终用途，确认客户方案（采用 3D 打印方式制造）是否合理		

项目名称	沟通要点	现场记录
性能要求	明确客户对交付件的要求（外观、材质、颜色），确认是否可以达到要求	
交期要求	结合公司现有的设备情况（机器数量、工作效率），初步确定交期	

（续）

二、图纸分析

对应概念图标注的接头各部分名称（如图2-5所示），结合图2-6中的接头零件工程图，初步分析认识模型。

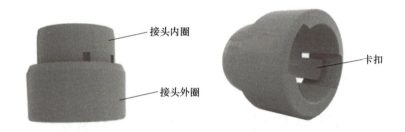

图 2-5　接头零件各部分名称

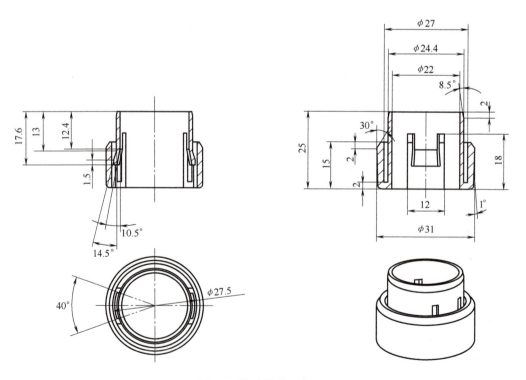

图 2-6　接头零件工程图

学习活动 2　操作前的准备——建模软件认知

一、建模软件概述

1）STL 文件是常用的 3D 文件，那么 STL 格式的 3D 文件是怎么产生的呢？

2）搜索相关资料，了解表 2-10 中的几款常用的 3D 建模软件。

表 2-10　常用三维建模软件

类别	特点
UG NX	UG NX（Unigraphics NX，以下简称 UG）因其功能强大，是当今较为流行的一种工艺设计、产品设计、CNC 加工、模具设计软件，用于工程和制造全范围的开发过程，包括：高级曲面、3D 检测、逆向工程和多边形造型等
SolidWorks	SolidWorks 有功能强大、易学易用和技术创新三大特点，使其成为领先的、主流的三维 CAD 解决方案。SolidWorks 能够提供不同的设计方案、减少设计过程中的错误以及提高产品质量
Creo	Creo 具备互操作性、开放、易用三大特点。Creo 可以解决机械 CAD 领域中包括基本的易用性、互操作性和装配管理等在内的一些尚未解决的重大问题，为设计过程中的每一名参与者适时提供合适的解决方案
3ds Max	3ds Max 的工作方向主要是面向建筑动画、建筑漫游及室内设计等

二、UG 软件操作界面

将表 2-11 中各部分对应的序号，填入图 2-7 中的正确位置。

表 2-11　UG 软件界面组成

序号	名称
1	标题栏
2	菜单栏
3	图形区
4	提示栏
5	资源导航器
6	快速访问工具条

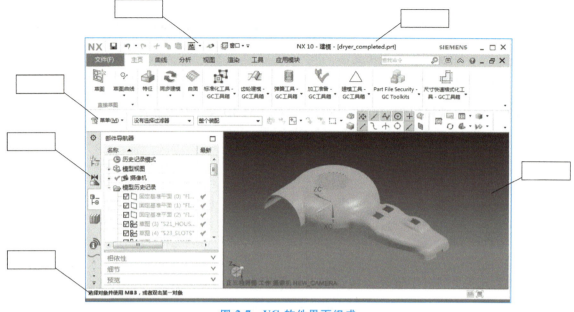

图 2-7　UG 软件界面组成

学习活动 3　现场操作——建模、混色模式的切片处理及打印

一、模型创建

1. 新建文件

启动 UG 软件，单击"新建"按钮，输入文件名及文件保存路径，注意将对话框右上部分的"单位"设定为"毫米"。单击"确定"按钮，进入以"晾衣架接头"为名的建模界面，如图 2-8 所示。

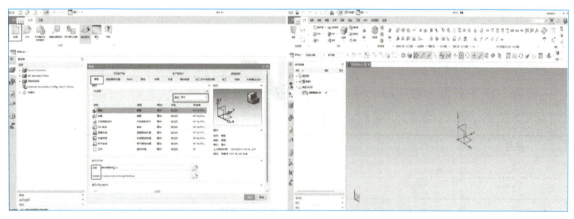

图 2-8　晾衣架接头建模界面

2. 旋转草图创建接头外壳

单击界面上方工具条中的"旋转" 图标，弹出如图 2-9 所示的"旋转"对话

框,选中 X-Z 基准面,屏幕中出现如图 2-10 所示的草图绘制界面。

图 2-9 "旋转"对话框

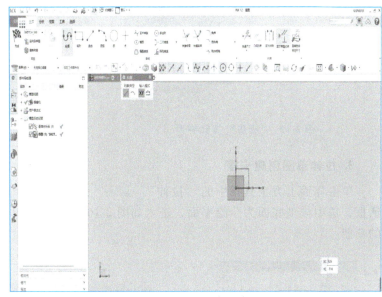

图 2-10 草图绘制界面(旋转草图创建接头外壳)

单击草图工具条中的"轮廓"命令,绘制如图 2-11 所示的草图,直到草图完全约束后,单击"完成"命令,回到"旋转"对话框,如图 2-12 所示。将对话框中的"指定

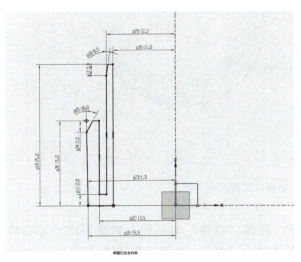

图 2-11 草图示意图(旋转草图创建接头外壳)

图 2-12 "旋转"对话框界面

矢量"选为 Z 轴，旋转角度输入"360°"，如图 2-13 所示，单击"应用"按钮，完成旋转操作，旋转后如图 2-14 所示。

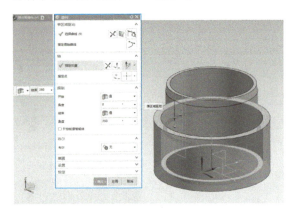

图 2-13 "应用"按钮界面

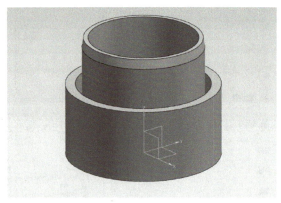

图 2-14 成品展示

3. 拉伸草图创建卡槽

单击界面上方工具条中的"拉伸" 图标，弹出如图 2-15 所示的"拉伸"对话框，选中模型底面为草绘平面，进入如图 2-16 所示的草图绘制界面，绘制如图 2-17 所示的草图。

图 2-15 "拉伸"对话框

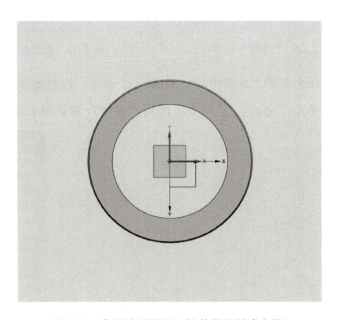

图 2-16 草图绘制界面（拉伸草图创建卡槽）

草图完全约束后，单击"完成" 命令，回到"拉伸"对话框。如图 2-18 所示，将对话框中的"指定矢量"选为"ZC"，拉伸距离设为"18"，布尔运算选择"减去"，单击"确定"按钮后得到如图 2-19 所示的模型。

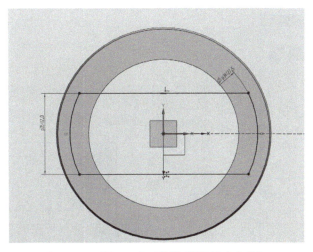

图 2-17　草图示意（拉伸草图创建卡槽）

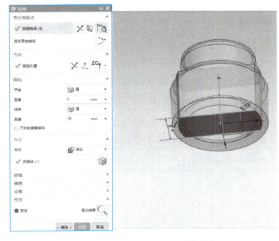

图 2-18　"指定矢量"对话框

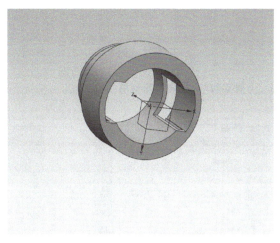

图 2-19　模型展示

4. 旋转草图创建卡扣

单击界面上方工具条中的 ![旋转] 图标，弹出如图 2-20 所示的"旋转"对话框，选中 X-Z 基准面，进入草图绘制界面。单击草图工具条中的"轮廓" ![] 命令，绘制如图 2-21 所示的草图，直到草图完全约束后，单击"完成" ![] 命令，回到"旋转"对话框。将对话框中的"指定矢量"选为 Z 轴，旋转角度输入"20°"，如图 2-22 所示，单击"应用"按钮，完成旋转操作后的效果如图 2-23 所示。

单击 ![菜单(M)] 图标→"插入"→"关联复制"→"镜像特征"，或直接在操作界面上方工具条中找到"特征"工具栏里的"镜像特征"图标，弹出"镜像特征"对话框，如图 2-24 所示。将上一步创建的旋转特征作为"要镜像的特征"，选择 X-Z 平面作为"镜像平面"，单击"应用"按钮，生成一侧卡扣。再次使用"镜像特征"指令，选择刚才创建的一侧卡扣作为"要镜像的特征"，以 Y-Z 平面为"镜像平面"，单击"确定"按钮，完成如图 2-25 所示卡扣特征的创建。

图 2-20 "旋转"对话框

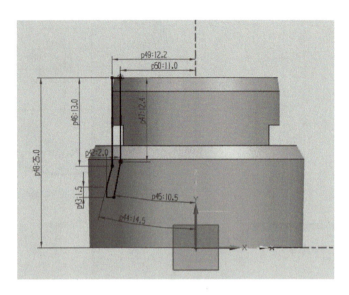

图 2-21 草图示意（旋转草图创建卡扣）

图 2-22 "应用"按钮

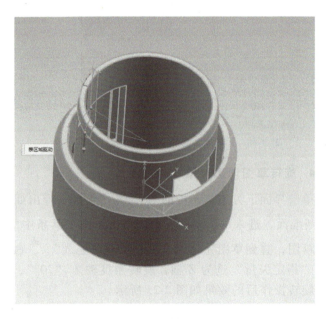

图 2-23 旋转后图示

5. 创建圆角特征

单击界面上方工具条中的"边倒圆"图标，弹出如图 2-26 所示的"边倒圆"对话框。选择外壳底边，设置圆角半径为 1mm，单击"确定"按钮。

项目2 模型正向设计与打印

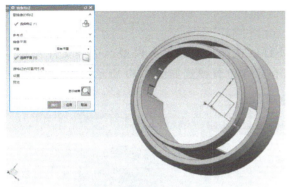

图 2-24 "镜像特征"对话框

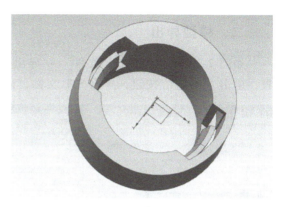

图 2-25 卡扣特征

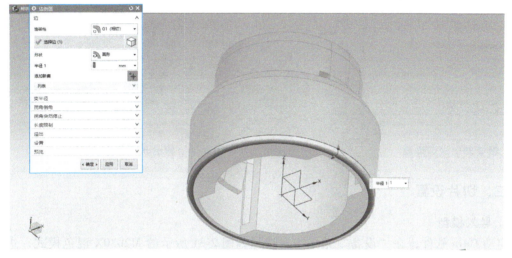

图 2-26 创建圆角特征

6. 合并特征

单击界面上方工具条中的  图标，弹出如图 2-27 所示的"合并"对话框，将外壳特征设置为"目标"，将卡扣特征设置为"工具"，单击"确定"按钮，完成晾衣架接头模型的创建，如图 2-28 所示。

图 2-27 "合并"对话框

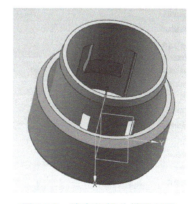

图 2-28 晾衣架接头模型创建

二、模型导出

如图 2-29 所示,单击"文件"→"导出"→STL,选择晾衣架接头模型,选择文件保存位置,单击"确定"按钮,导出 STL 文件,即可在保存位置找到如图 2-30 所示的相应文件。

图 2-29 保存设置

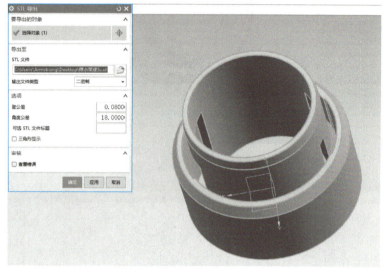

图 2-30 导出 STL 文件

三、切片设置

1. 导入模型

启动 Cura 软件,在"设备"菜单中,选择如图 2-31 所示的 M2030X 混色模式,进入混色模式界面,如图 2-32 所示。

图 2-31 设备菜单

图 2-32 混色模式界面

2. 参数设置

（1）修改参数

根据模型外形特点及使用需求，参照学习任务 2 "镂空灯罩的打印"一节所掌握的切片设置技能，在基本设置菜单中，修改参数，如图 2-33 所示，并在表 2-12 中记录。

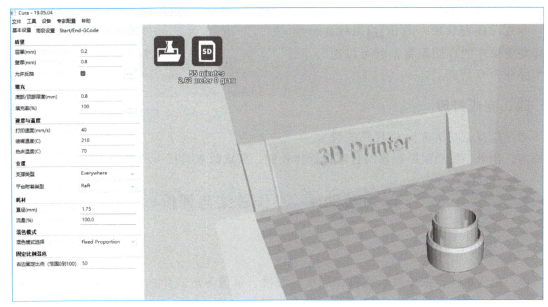

图 2-33　参数设置

表 2-12　切片参数记录表

类别		参数	选择依据
质量	层厚		
	壁厚		
	允许反抽		
填充	底部/顶部厚度		
	填充率		
速度与温度	打印速度		
	喷嘴温度		
	热床温度		
支撑	支撑类型		
	平台附着类型		
耗材	直径		
	流量		
混色模式	混色模式选择		
	右边固定比例		

（2）查看模型效果

单击软件界面右上角"查看模式" 图标，选择 Layers 分层模式，查看模型每层的切片情况。在分层模式下，红色代表模型的外壁最外层，绿色是外壁的内层，再往里面的黄色是填充，蓝色是支撑和附着，如图2-34所示。

（3）保存G代码

参数设置完成后，单击 图标，选择需要保存的存储设备，就可以把模型保存为G代码了。

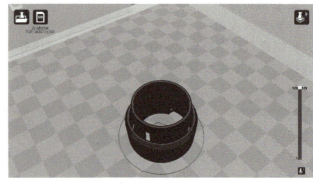

图2-34 查看模型效果

四、完成打印

将存储有晾衣架接头G代码的优盘插入打印机，按照前期积累的打印机操作技能，完成晾衣架接头的打印任务。

学习活动4 工作总结与评价

一、工作总结

以小组为单位，选择演示文稿、展板、海报、录像等形式中的一种或几种，向全班展示，汇报学习成果。根据表2-13评分标准进行评分。

表2-13 任务测评表

评分内容		分值	评分		
			自我评分	小组评分	教师评分
获取信息	与客户沟通顺畅,获取信息准确	5			
	记录表填写完整	5			
模型创建	根据图纸正确创建模型	30			
	可以进行合理化创新设计	10			
模型导出	正确导出STL文件	5			
切片设置	参数设置合理	10			
	参数记录完整	5			
完成打印	打印操作正确	5			
	打印过程出丝顺畅	5			
	打印的模型外观光滑,无明显瑕疵	5			
安全文明生产	遵守安全文明生产规程	5			
	操作完成后认真清理现场	10			
合计		100			

二、综合评价

综合评价表见表2-14。

表2-14 综合评价表

评价项目	评价内容	评价标准	评价方式		
			自我评价	小组评价	教师评价
职业素养	安全意识、责任意识	A. 作风严谨、自觉遵章守纪、出色地完成工作任务 B. 能遵守规章制度、较好地完成工作任务 C. 遵守规章制度、没完成工作任务,或虽完成工作任务但未严格遵守或忽视规章制度 D. 不遵守规章制度,没完成工作任务			
	团队合作意识	A. 与同学协作融洽、团队合作意识强 B. 与同学沟通、协同工作能力较强 C. 与同学沟通、协同工作能力一般 D. 与同学沟通困难、协同工作能力较差			
专业能力	学习活动1	A. 按时、完整地完成工作,问题回答正确,数据记录准确 B. 按时、完整地完成工作,问题回答基本正确,数据记录基本准确 C. 未能按时完成工作,或内容遗漏、错误较多 D. 未完成工作			
	学习活动2	A. 按时、完整地完成工作,问题回答正确,数据记录准确 B. 按时、完整地完成工作,问题回答基本正确,数据记录基本准确 C. 未能按时完成工作,或内容遗漏、错误较多 D. 未完成工作			
	学习活动3	A. 按时、完整地完成工作,问题回答正确,数据记录准确 B. 按时、完整地完成工作,问题回答基本正确,数据记录基本准确 C. 未能按时完成工作,或内容遗漏、错误较多 D. 未完成工作			
	创新能力	学习过程中提出具有创新性、可行性的建议	加分奖励:		
	学生姓名		综合评定等级		
	指导老师		日期		

习 题

结合如图2-35所示的花瓶图纸,设计并打印一个花瓶。

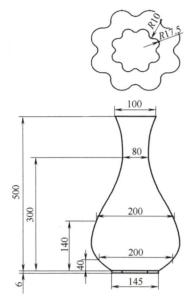

注：壁厚2mm

图 2-35　花瓶图纸

任务 2.3　手持风扇的设计与打印

学习目标

1. 能够正确识读工程图纸
2. 能够使用 UG NX 软件完成装配零件模型的创建
3. 能够根据模型特点正确选择切片参数
4. 能够根据打印效果，合理调整模型数据
5. 具备主动搜集资料，自主学习的能力

建议课时：12 课时

手持风扇的设计
与打印任务介绍

工作场景描述

某公司需要设计一款如图 2-36 所示的 3D 打印手持式人力风扇，已完成了该设计中部分零件的设计初稿，请你结合打印过程实际需求，为该公司客户设计出可打印的三维实体模型、STL 文件，并交付 3D 打印的成品。

图 2-36　3D 打印手持式人力风扇

工作流程与活动

1. 明确工作任务——图纸分析

2. 操作前的准备——3D打印装配体公差的设置
3. 现场操作——建模、切片、打印及装配
4. 工作总结与评价

学习活动1　明确工作任务——图纸分析

一、工作准备

1）选择用3D打印的方式进行新产品开发，有什么优点？

2）与客户进行沟通，了解客户需求，获取有效信息，并记录在表2-15中。

表2-15　洽谈沟通表

产品名称		洽谈时间	
客户公司		客户姓名	
客户地址		联系方式	
客户可以提供的资料			
客户需求信息（根据工作场景获取有效信息）			
项目名称	沟通要点		现场记录
订单数量	确定准确的订单数量		
产品用途	明确产品最终用途，确认客户方案是否合理		
性能要求	明确客户对交付件的要求（外观、材质、颜色），确认是否可以达到要求		
交期要求	结合公司现有设备情况（机器数量、工作效率），初步确定交期		

二、图纸分析

对应如图2-37～图2-47所示已知零件的工程图，初步分析认识模型。

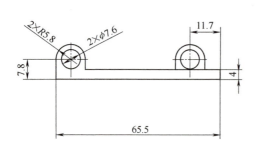

图 2-37 风扇按钮原始设计图

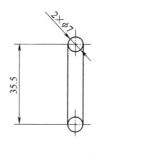

图 2-38 风扇摇臂原始设计图

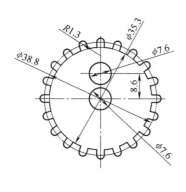

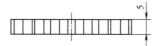

图 2-39 齿轮 1 原始设计图

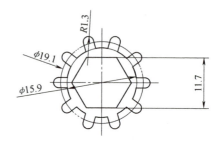

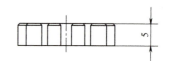

图 2-40 齿轮 2A 原始设计图

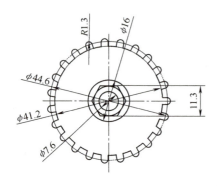

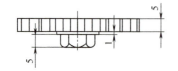

图 2-41 齿轮 2B 原始设计图

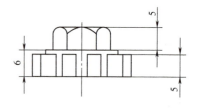

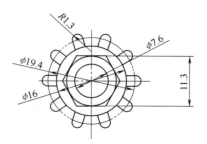

图 2-42 齿轮 3A 原始设计图

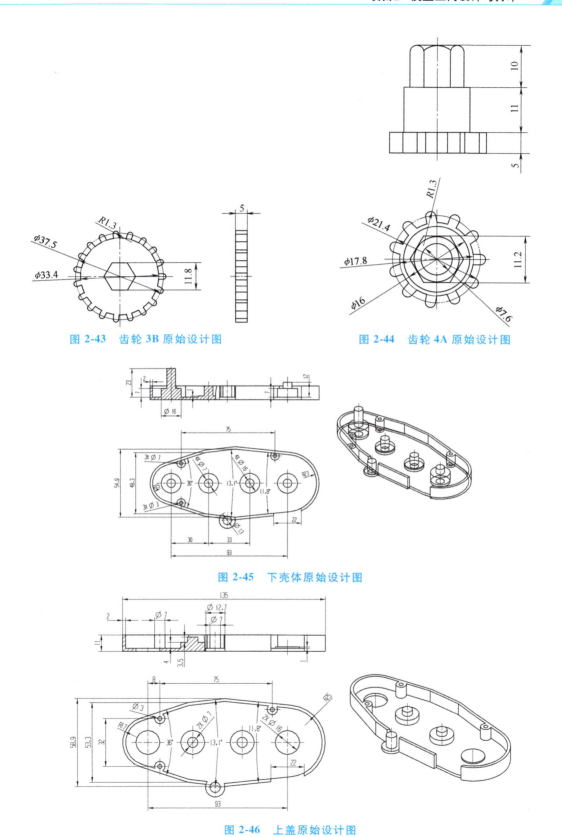

图 2-43 齿轮 3B 原始设计图

图 2-44 齿轮 4A 原始设计图

图 2-45 下壳体原始设计图

图 2-46 上盖原始设计图

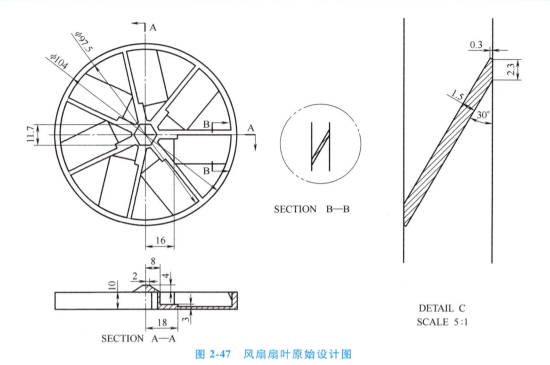

图 2-47 风扇扇叶原始设计图

学习活动 2　操作前的准备——3D 打印装配体公差的设置

一、齿轮配合

1）结合如图 2-48 所示的装配效果图，分析该设计中存在哪些传动机构。

图 2-48　手持风扇装配效果图

2）结合机械原理相关知识，回答齿轮系需要满足什么条件才能实现平稳传动？

3）结合图纸，确定齿轮系各齿轮的相关参数，并记录进表 2-16 中。

表 2-16 齿轮系参数确认表

名称	数值					
	齿轮 1	齿轮 2A	齿轮 2B	齿轮 3A	齿轮 3B	齿轮 4A
模数 m						
压力角 α						
齿数 z						
齿宽 b						

二、打印机打印装配体公差测试

1）设计如图 2-49 所示的测试底座零件，并进行打印，测量生成孔的直径，并记录进表 2-17 中。

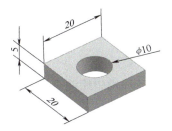

图 2-49 测试底座零件

表 2-17 测试底座打印成品尺寸记录表　　　　　　　　（单位：mm）

项目	数值	项目	数值
底座长		底座高	
底座宽		孔直径	

2）依照上图测试底座零件孔的尺寸，设计一系列不同直径圆柱体（建议 9.5～10mm）的插入零件，如图 2-50 所示，并进行打印，测量并记录打印后的零件尺寸，记录进表 2-18 中。

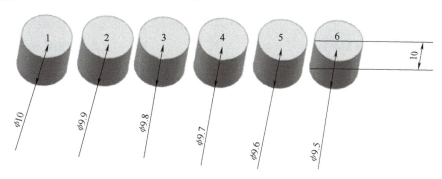

图 2-50 测试插入零件

3）如果打印的物体是需要进行组装的图形，例如螺钉和螺母、齿轮的匹配这些图形，由于打印过程中塑料的热胀冷缩以及底层打印会产生膨大的边缘，所以需要把公差放大一点，根据上述测试，确定合适的配合公差（一般公差设置为0.4mm），具体根据实际图形情况进行设置。

表2-18 测试插入零件打印成品尺寸记录表　　　　　　　　　　（单位：mm）

序号	1	2	3	4	5	6
直径						
配合度						

学习活动3　现场操作——建模、切片、打印及装配

一、按钮模型的打印

1. 模型创建

（1）新建文件

启动UG软件，单击"新建"按钮，输入文件名及文件保存路径，单击"确定"按钮，进入以"按钮"为名的建模界面。

（2）绘制模型草图

单击"菜单"→"插入"→"在任务环境中绘制草图"，进入如图2-51所示创建草图界面，选择X-Y基准面。屏幕中出现如图2-52所示的绘制草图界面。

图2-51　创建草图界面

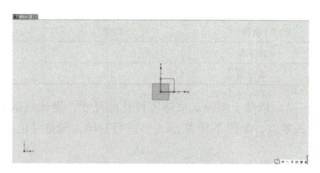

图2-52　绘制草图界面

单击草图工具条中的"轮廓"命令，绘制如图2-53所示的草图，直到草图完全约束后，单击"完成"命令。

（3）拉伸创建模型实体

单击操作界面上方工具条中的"拉伸"图标，弹出如图2-54所示的"拉伸"对话框，将选择状态过滤器选择为"区域边界曲线"，选择如图所示的部分，将结束限制设置为"对称值"，距离设置为"9"，单击"应用"按钮，完成第一步拉伸操作。

选择如图2-55所示的部分，将结束限制设置为"对称值"，距离设置为"3.5"，布尔运算设为"合并"，单击"确定"按钮，生成模型实体，如图2-56所示。

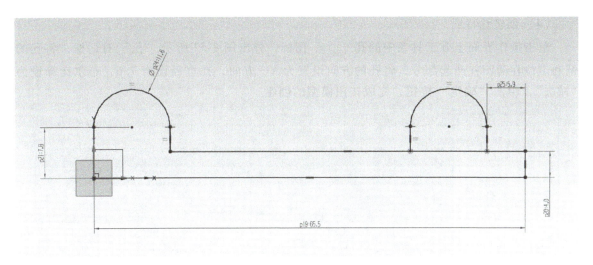

图 2-53 绘制草图

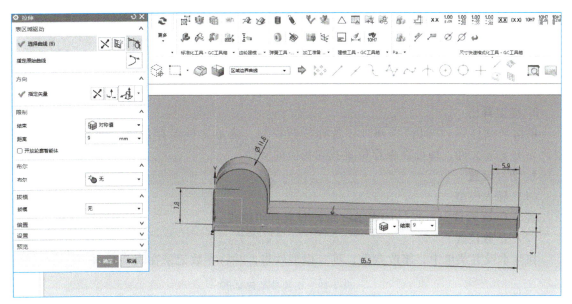

图 2-54 "拉伸"对话框

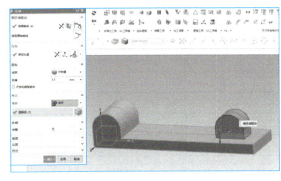

图 2-55 选择实体

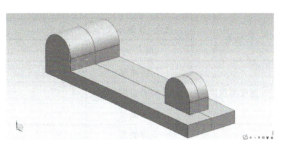

图 2-56 生成模型实体

（4）创建孔特征

单击操作界面上方工具条中的孔 孔 图标，弹出图2-57所示"孔"对话框，将孔的圆心定位在两圆柱凸起部分，将孔的方向设置为YC方向，孔直径设为7.6，布尔运算设为"减去"，单击"确定"按钮，完成按钮模型的创建。

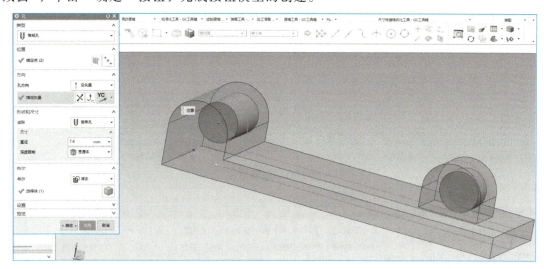

图2-57 "孔"对话框

2. 模型导出

单击"文件"→"导出"→STL，选择按钮模型，确定文件保存位置，单击"确定"按钮，导出STL文件，即可在保存位置找到相应的文件。

3. 切片设置

（1）导入模型

启动Cura软件，根据打印需求，选择对应打印模式。

（2）参数设置

在基本设置菜单中，修改参数，确定模型效果，并将参数记录在表2-19中。

表2-19 切片参数记录表

类别		参数	选择依据
质量	层厚		
	壁厚		
	允许反抽		
填充	底部/顶部厚度		
	填充率		
速度与温度	打印速度		
	喷嘴温度		
	热床温度		
支撑	支撑类型		
	平台附着类型		

（续）

类别		参数	选择依据
耗材	直径		
	流量		
设备型号			
混色模式	混色模式选择		
	右边固定比例		
分层模式	层数		
双色模式	双喷头支撑		
	喷嘴擦拭塔		
	溢出保护		
单色模式			
打印所需时间			

（3）保存 G 代码

参数设置完成后，把模型保存为 G 代码。

4. 完成打印

将存储有按钮模型 G 代码的优盘插入打印机，按照前期积累的打印机操作技能，完成按钮模型的打印任务。

记录打印过程中出现的问题及采取的解决办法。

二、摇臂模型的打印

1. 模型创建

（1）新建文件

如图 2-58 所示，启动 NX 软件，单击"新建"按钮，输入文件名及文件保存路径，单

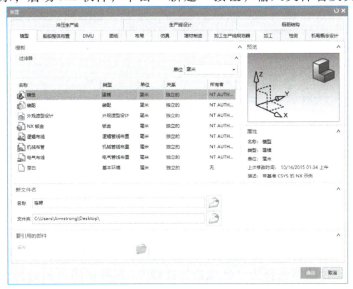

图 2-58　新建文件

击"确定"按钮,进入以"摇臂"为名的建模界面,如图 2-59 所示。

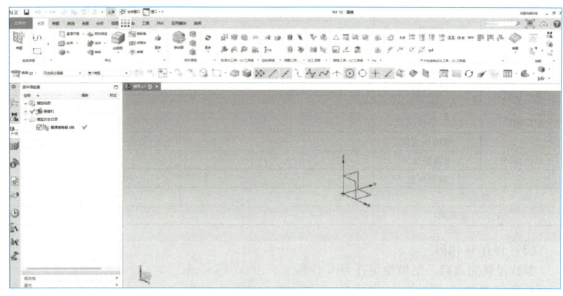

图 2-59　建模界面

(2)绘制模型草图

单击"菜单"→"插入"→"在任务环境中绘制草图",进入如图 2-60 所示创建草图界面,选择 X-Y 基准面,单击确定,进入草绘界面。

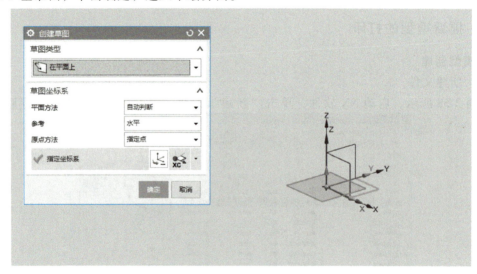

图 2-60　创建草图界面

绘制如图 2-61 所示的草图,直到草图完全约束后,单击"完成" 命令。

(3)拉伸创建模型实体

单击操作界面上方工具条中的"拉伸" 拉伸 图标,弹出如图 2-62 所示的"拉伸"对话框,将选择状态过滤器选择为"区域边界曲线",选择如图所示的部分,拉伸距离设置为"8.5",单击"应用"按钮,完成第一步拉伸操作。

项目2 模型正向设计与打印

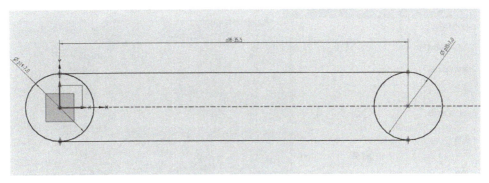

图 2-61 绘制草图

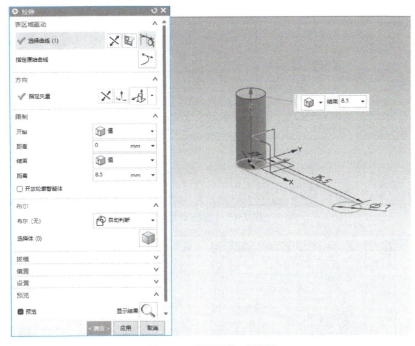

图 2-62 "拉伸"对话框

选择如图 2-63 所示的部分，拉伸距离设置为"3.5"，布尔运算设为"合并"，单击"应用"按钮，完成第二步拉伸操作。

选择如图 2-64 所示的部分，拉伸距离设置为"15"，布尔运算设为"合并"，单击"确定"按钮，生成模型实体，如图 2-65 所示。

2. 模型导出

单击"文件"→"导出"→STL，选择摇臂模型，确定文件保存位置，单击"确定"按钮，导出 STL 文件，即可在保存位置找到相应的文件。

3. 切片设置

（1）导入模型

启动 Cura 软件，根据打印需求，选择对应打印模式。

（2）参数设置

在基本设置菜单中，修改参数，确定模型效果，并将参数记录在表 2-20 中。

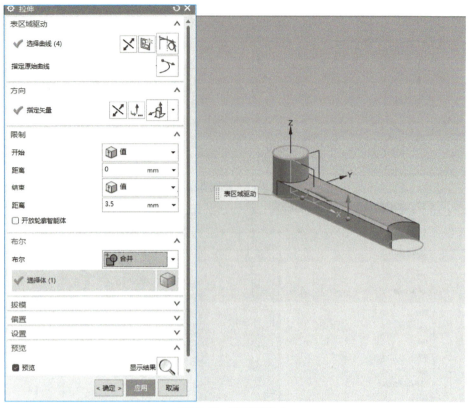

图 2-63 选择对象 1

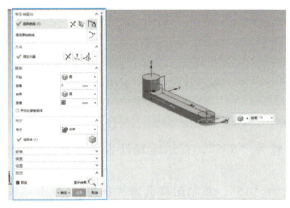

图 2-64 选择对象 2

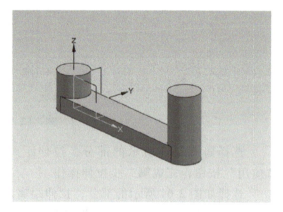

图 2-65 生成模型实体

表 2-20 切片参数记录表

类别		参数	选择依据
质量	层厚		
	壁厚		
	允许反抽		
填充	底部/顶部厚度		
	填充率		

（续）

类别		参数	选择依据
速度与温度	打印速度		
	喷嘴温度		
	热床温度		
支撑	支撑类型		
	平台附着类型		
耗材	直径		
	流量		
设备型号			
混色模式	混色模式选择		
	右边固定比例		
分层模式	层数		
双色模式	双喷头支撑		
	喷嘴擦拭塔		
	溢出保护		
单色模式			
打印所需时间			

（3）保存 G 代码

参数设置完成后，把模型保存为 G 代码。

4. 完成打印

将存储有摇臂模型 G 代码的优盘插入打印机，按照前期积累的打印机操作技能，完成摇臂模型的打印任务。

记录打印过程中出现的问题及采取的解决办法。

三、齿轮系模型的打印

1. 齿轮 1 模型创建

（1）新建文件

如图 2-66 所示，启动 NX 软件，单击"新建"按钮，输入文件名及文件保存路径，单击"确定"按钮，进入以"齿轮 1"为名的建模界面，如图 2-67 所示。

（2）创建齿轮 1 实体

单击"齿轮建模-GC 工具箱"，选择"柱齿轮建模"，系统弹出如图 2-68 所示的"渐开线圆柱齿轮建模"对话框，选择"创建齿轮"，单击"确定"按钮；系统弹出"渐开线圆柱齿轮类型"对话框，如图 2-69 所示，采用系统默认设置，单击"确定"按钮，系统弹出"渐开线圆柱齿轮参数"对话框，在"标准齿轮"选项卡中输入如图 2-70 所示的齿轮参数，单击"确定"按钮，矢量选择"ZC 轴"，单击"确定"按钮，"点位置"选择"坐标原点"，单击"确定"按钮，完成齿轮 1 实体的创建，如图 2-71 所示。

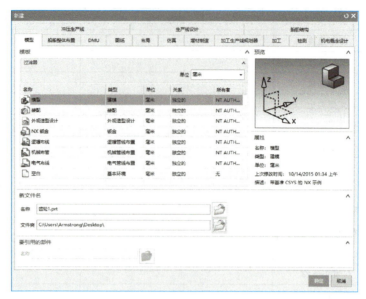

图 2-66 新建文件

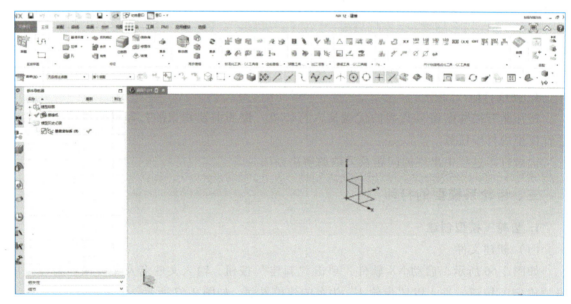

图 2-67 建模界面

（3）创建齿轮 1 孔特征

单击操作界面上方工具条中的"孔" 图标，弹出如图 2-72 所示的"孔"对话框，选择 X-Y 基准面，进入草绘模式，确定如图 2-73 所示的两个孔圆心位置，单击完成，退出草绘模式。根据测试所得打印机配合精度数据，调整齿轮孔直径参数为 7.5，布尔运算设为"减去"，如图 2-74 所示，单击"确定"按钮，完成齿轮 1 模型创建，如图 2-75 所示。

项目2 模型正向设计与打印

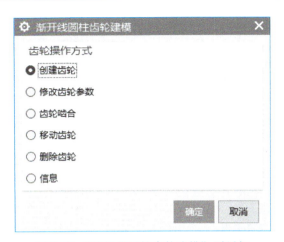

图 2-68 "渐开线圆柱齿轮建模"对话框

图 2-69 "渐开线圆柱齿轮类型"对话框

图 2-70 "渐开线圆柱齿轮参数"对话框

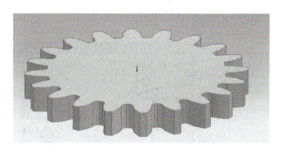

图 2-71 齿轮1实体

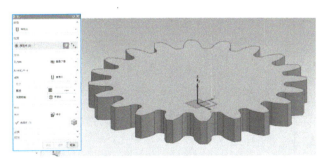

图 2-72 "孔"对话框

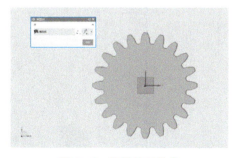

图 2-73 草图绘制模式

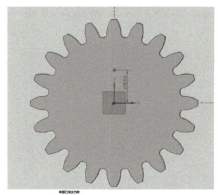
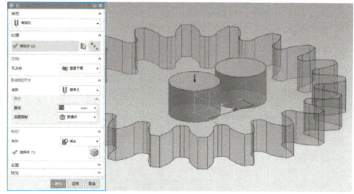

图 2-74　调整齿轮孔参数

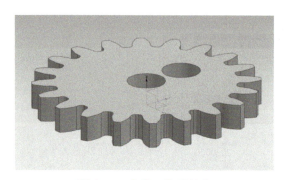

图 2-75　齿轮 1 模型创建

2. 齿轮 2A、3B 模型创建

参照齿轮 1 模型创建类似的步骤，完成齿轮 2A、齿轮 3B 模型的创建。具体参数可以参考图 2-76 和图 2-77 所示。

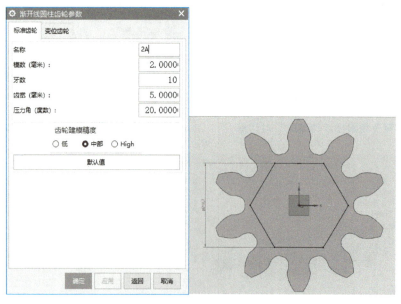

图 2-76　齿轮 2A 参数

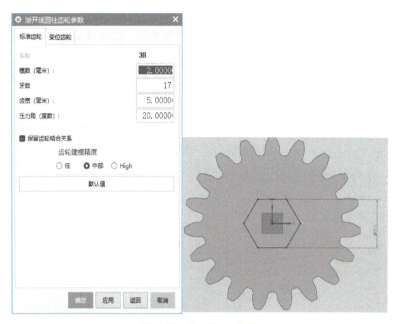

图 2-77　齿轮 3B 参数

3. 齿轮 2B 模型创建

（1）新建文件

启动 NX 软件，单击"新建"按钮，输入文件名及文件保存路径，单击"确定"按钮，进入以"齿轮 2B"为名的建模界面。

（2）创建齿轮 2B 实体

在"标准齿轮"选项卡中输入如图 2-78 所示的齿轮参数，创建齿轮 2B 实体。

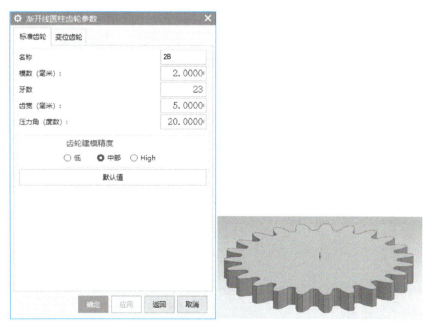

图 2-78　齿轮 2B 参数

(3) 插入圆柱特征

单击 菜单(M) · 图标→"插入"→"设计特征"→"圆柱",或直接在操作界面上方工具条中找到"特征"工具栏里的"圆柱"命令,弹出如图 2-79 所示的"圆柱"对话框,矢量选择 Z 轴,直径设为 16,高度为 6,布尔运算设为"合并",单击"确定"按钮,生成圆柱凸台。

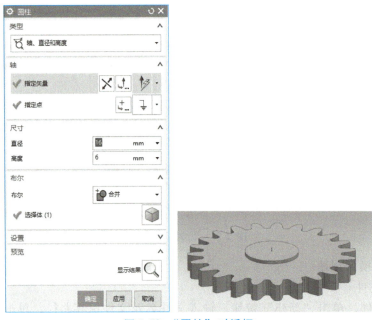

图 2-79 "圆柱"对话框

(4) 拉伸创建六棱柱特征

选择"拉伸"指令,以圆柱凸台上表面为草绘平面,进入草绘界面,创建如图 2-80 所示的六边形草图;完成草图后,设置拉伸距离为 5,布尔运算设为"无",单击"确定"按钮,生成六棱柱特征,如图 2-81 所示。

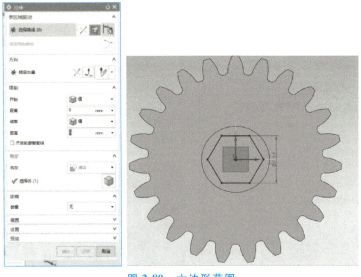

图 2-80 六边形草图

图 2-81 六棱柱特征

(5) 拉伸创建六棱柱倒角

如图 2-82 所示,选择"拉伸"指令,以六棱柱凸台上表面为草绘平面,进入草绘界面,绘制与第(3)步创建的六边形内部相切的圆,完成草图;设置拉伸距离为 5,布尔运算设为"相交",选择第(3)步创建的六棱柱作为相交体,拔模设置为"从起点限制",角度设为"-30°",单击"确定"按钮,生成六棱柱倒角,如图 2-83 所示。

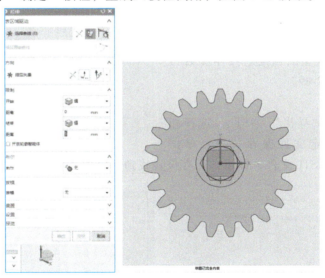

图 2-82 草绘界面

(6) 合并特征

单击操作界面上方工具条中的"合并" 图标,系统弹出"合并"对话框,分别选择"六棱柱特征"和"齿轮特征",单击"确定"按钮,将其合并,如图 2-84 所示。

(7) 插入孔特征

单击"孔"命令,弹出如图 2-85 所示的"孔"对话框,选择第(4)步创建的圆的圆

图 2-83　六棱柱倒角

心作为插入孔的圆心，设置孔直径参数为 7.5，布尔运算改为"减去"，如图 2-86 所示，单击"确定"按钮，完成齿轮 2B 模型创建，如图 2-87 所示。

4. 齿轮 3A、4A 模型创建

参照齿轮 2B 模型创建类似的步骤，完成齿轮 3A、齿轮 4A 模型的创建。具体参数可以参考图 2-88 和图 2-89。

5. 模型导出

单击"文件"→"导出"→STL，选择相应的齿轮模型，确定文件保存位置，单击"确定"按钮，导出 STL 文件，即可在保存位置找到相应的文件。

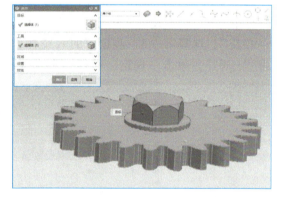

图 2-84　合并特征

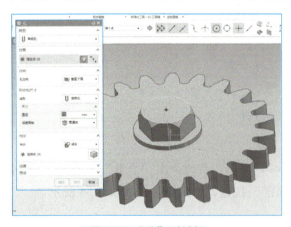

图 2-85　"孔"对话框

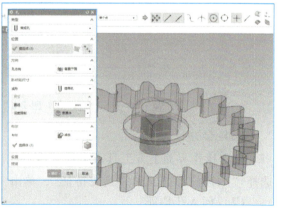

图 2-86　设置齿轮孔直径参数

项目2 模型正向设计与打印

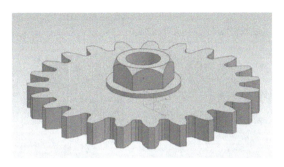

图 2-87 齿轮 2B 模型

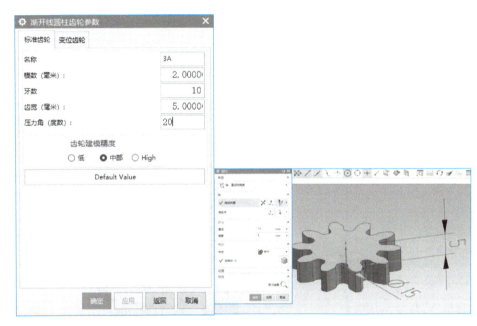

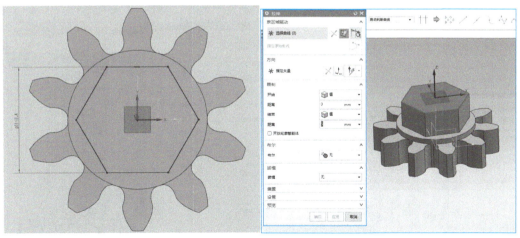

图 2-88 齿轮 3A 参数

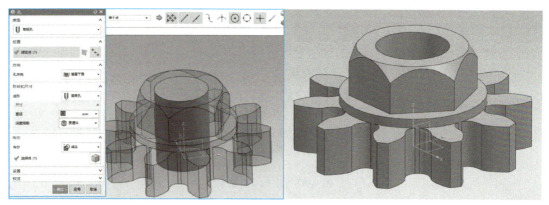

图 2-88 齿轮 3A 参数（续）

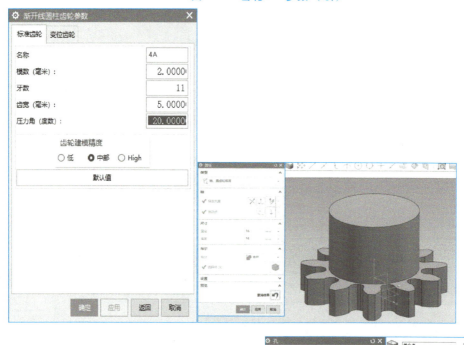

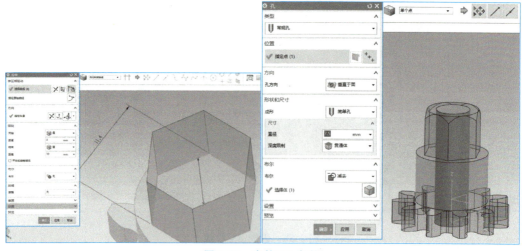

图 2-89 齿轮 4A 参数

6. 切片设置

（1）导入模型

启动 Cura 软件，根据打印需求，选择对应打印模式。

（2）参数设置

在基本设置菜单中，修改参数，确定模型效果，并将参数记录在表 2-21 中。

表 2-21 切片参数记录表

类别		参数	选择依据
质量	层厚		
	壁厚		
	允许反抽		
填充	底部/顶部厚度		
	填充率		
速度与温度	打印速度		
	喷嘴温度		
	热床温度		
支撑	支撑类型		
	平台附着类型		
耗材	直径		
	流量		
设备型号			
混色模式	混色模式选择		
	右边固定比例		
分层模式	层数		
双色模式	双喷头支撑		
	喷嘴擦拭塔		
	溢出保护		
单色模式			
打印所需时间			

（3）保存 G 代码

参数设置完成后，把模型保存为 G 代码。

7. 打印

将存储有齿轮系模型 G 代码的优盘插入打印机，按照前期积累的打印机操作技能，完成齿轮系模型的打印任务。

记录打印过程中出现的问题及采取的解决办法。

四、风扇盒下壳体的打印

1. 模型创建

（1）新建文件

启动 NX 软件，单击"新建"按钮，输入文件名及文件保存路径，单击"确定"按钮，进入以"下壳体"为名的建模界面。

(2)绘制模型草图

单击"菜单"→"插入"→"在任务环境中绘制草图",进入创建草图界面,选择X-Y基准面,进入草绘界面。绘制如图2-90所示的草图,直到草图完全约束后,单击"完成" 命令。

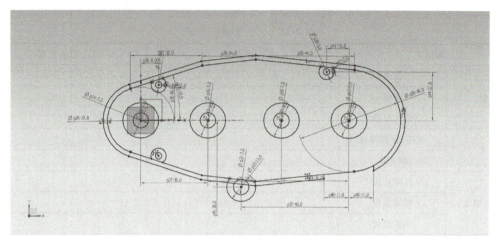

图2-90 绘制草图

(3)拉伸创建模型实体

单击操作界面上方工具条中的"拉伸" 拉伸 图标,弹出如图2-91所示的"拉伸"对话框,将选择状态过滤器选择为"区域边界曲线",选择如图所示的部分,拉伸距离设置为"2",单击"应用"按钮,完成第一步拉伸操作。

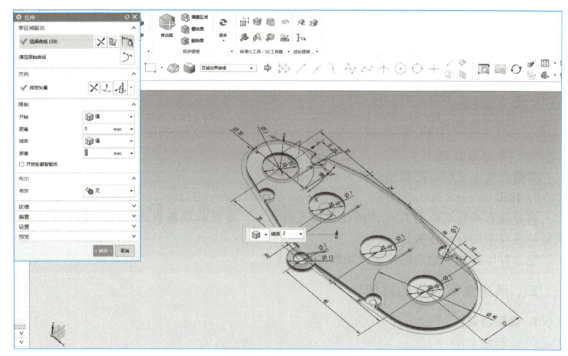

图2-91 "拉伸"对话框

项目2　模型正向设计与打印

选择外壳边缘区域及图2-92所示部分，拉伸距离设置为"11"，布尔运算设为"合并"，单击"应用"按钮，完成第二步拉伸操作。

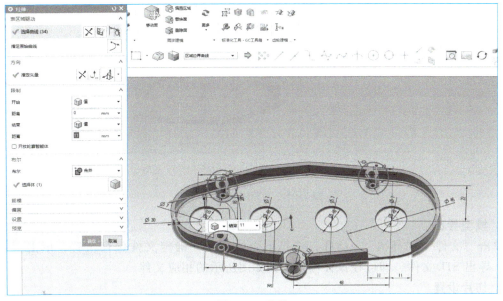

图2-92　合并

分别选择图2-93a～e所示区域，设置相应的拉伸距离，进行拉伸操作，即可创建出壳体模型。

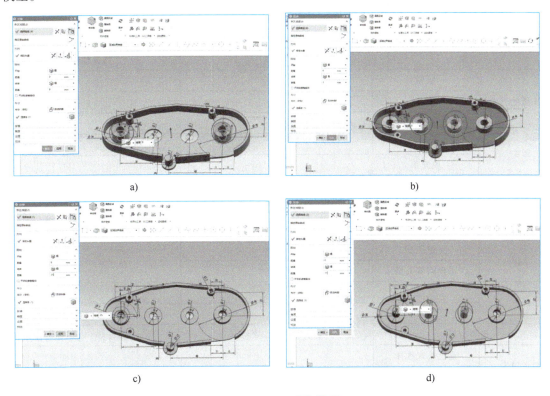

图2-93　下壳体模型

77

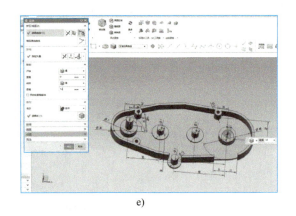

e)

图 2-93 下壳体模型（续）

2. 模型导出

单击"文件"→"导出"→STL，选择下壳体模型，确定文件保存位置，单击"确定"按钮，导出 STL 文件，即可在保存位置找到如图所示的相应文件。

3. 切片设置

（1）导入模型

启动 Cura 软件，根据打印需求，选择对应打印模式。

（2）参数设置

在基本设置菜单中，修改参数，确定模型效果，并将参数记录在表 2-22 中。

表 2-22 切片参数记录表

类别		参数	选择依据
质量	层厚		
	壁厚		
	允许反抽		
填充	底部/顶部厚度		
	填充率		
速度与温度	打印速度		
	喷嘴温度		
	热床温度		
支撑	支撑类型		
	平台附着类型		
耗材	直径		
	流量		
设备型号			
混色模式	混色模式选择		
	右边固定比例		
分层模式	层数		

(续)

类别		参数	选择依据
双色模式	双喷头支撑		
	喷嘴擦拭塔		
	溢出保护		
单色模式			
打印所需时间			

（3）保存 G 代码

参数设置完成后，把模型保存为 G 代码。

4. 完成打印

将存储有下壳体模型 G 代码的优盘插入打印机，按照前期积累的打印机操作技能，完成下壳体模型的打印任务。

记录打印过程中出现的问题及采取的解决办法。

五、风扇盒上盖的打印

1. 模型创建

（1）新建文件

启动 NX 软件，单击"新建"按钮，输入文件名及文件保存路径，单击"确定"按钮，进入以"上盖"为名的建模界面。

（2）绘制模型草图

单击"菜单"→"插入"→"在任务环境中绘制草图"，进入创建草图界面，选择 X-Y 基准面，进入草绘界面。

绘制如图 2-94 所示的草图，直到草图完全约束后，单击"完成" 命令。

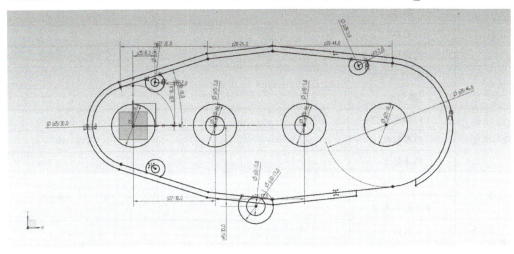

图 2-94　绘制草图

(3) 拉伸创建模型实体

结合工程图纸，按照与前面介绍的风扇盒下壳体打印相似的拉伸步骤，完成上盖实体模型的创建，如图 2-95 所示。

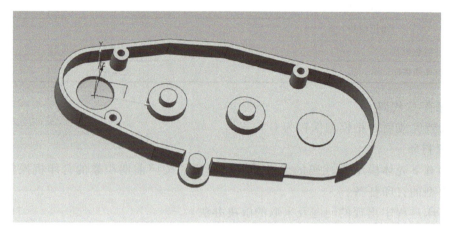

图 2-95　上盖实体模型

2. 模型导出

单击"文件"→"导出"→STL，选择上盖模型，确定文件保存位置，单击"确定"按钮，导出 STL 文件，即可在保存位置找到相应文件。

3. 切片设置

（1）导入模型

启动 Cura 软件，根据打印需求，选择对应打印模式。

（2）参数设置

在基本设置菜单中，修改参数，确定模型效果，并将参数记录在表 2-23 中。

表 2-23　切片参数记录表

类别		参数	选择依据
质量	层厚		
	壁厚		
	允许反抽		
填充	底部/顶部厚度		
	填充率		
速度与温度	打印速度		
	喷嘴温度		
	热床温度		
支撑	支撑类型		
	平台附着类型		
耗材	直径		
	流量		

项目2 模型正向设计与打印

（续）

类别		参数	选择依据
设备型号			
混色模式	混色模式选择		
	右边固定比例		
分层模式	层数		
双色模式	双喷头支撑		
	喷嘴擦拭塔		
	溢出保护		
单色模式			
打印所需时间			

（3）保存 G 代码

参数设置完成后，把模型保存为 G 代码。

4. 完成打印

将存储有上盖 G 代码的优盘插入打印机，按照前期积累的打印机操作技能，完成上盖的打印任务。

记录打印过程中出现的问题及采取的解决办法。

六、风扇扇叶的打印

1. 模型创建

（1）新建文件

启动 NX 软件，单击"新建"按钮，输入文件名及文件保存路径，单击"确定"按钮，进入以"扇叶"为名的建模界面。

（2）旋转创建扇叶中心及外环

单击界面上方工具条中的旋转 图标，弹出"旋转"对话框，选中 X-Z 基准面，进入绘制草图界面。绘制如图 2-96 所示的草图，直到草图完全约束后，单击"完成" 命令。回到"旋转"对话框，将对话框中的"指定矢量"选为 Z 轴，旋转角度输入"360°"，如图所示。单击"应用"按钮，完成旋转操作，如图 2-97 所示。

（3）拉伸创建矩形特征

单击界面上方工具条中的"拉伸"图标，弹出"拉伸"对话框，选中 X-Y 基准面，进入绘制草图界面。绘制如图 2-98 所示的草图，单击"完成"命令。回到"拉伸"对话框，如图 2-99 所示。拉伸距离设为 3，布尔运算选择"无"，单击"确定"按钮，完成拉伸操作。

（4）拉伸创建叶片特征

单击界面上方工具条中的"拉伸"图标，弹出"拉伸"对话框，选中 Y-Z 基准面，进入绘制草图界面。绘制如图 2-100 所示的草图，单击"完成"命令。回到"拉伸"对话框，如图2-101所示。拉伸开始距离设为16，结束选择"直至选定"，并选择扇叶外环内壁作为拉伸结束面，布尔运算设为"合并"，与第（3）步创建的矩形实体进行合并，单击"确定"按钮，完成拉伸操作。

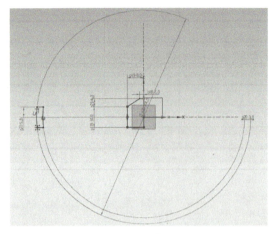

图2-96 草图

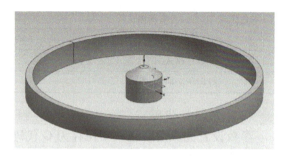

图2-97 旋转

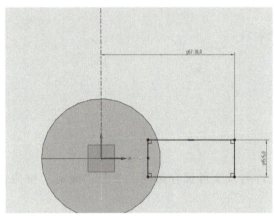

图2-98 草图绘制

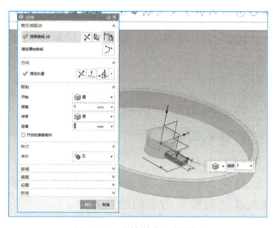

图2-99 "拉伸"对话框

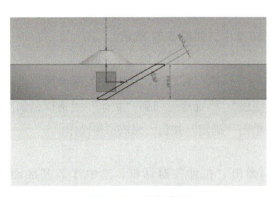

图2-100 绘制草图

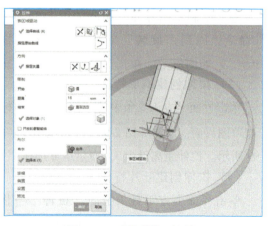

图2-101 "拉伸"对话框

（5）阵列创建叶片特征

如图 2-102 所示，单击"菜单" 图标→"插入"→"关联复制"→"阵列几何特征"，或直接在操作界面上方工具条中找到"特征"工具栏里的"阵列几何特征" 图标，弹出"阵列几何特征"对话框，将前两步创建的拉伸特征作为"要阵列的几何特征"，阵列布局选择"圆形"，将旋转轴设为"Z 轴"，旋转间距设为"数量和跨距"，选择数量设为"7"，跨角设为"360°"，单击"应用"按钮，生成全部叶片，如图 2-103 所示。

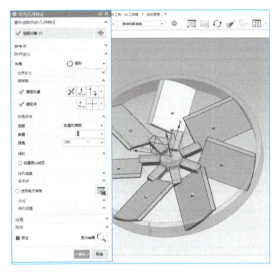

图 2-102 "阵列几何特征"对话框

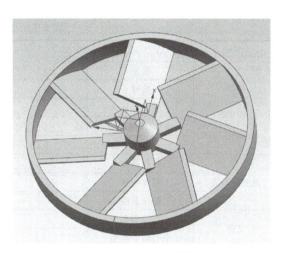

图 2-103 生成叶片

（6）拉伸创建六边形孔

单击界面上方工具条中的"拉伸" 图标，弹出"拉伸"对话框，选中 X-Y 基准面，进入绘制草图界面。绘制如图 2-104 所示的草图，单击"完成" 命令。回到"拉伸"对话框，如图 2-105 所示。将拉伸结束设置为"对称值"，距离设为 5，布尔运算设为"减去"，单击"确定"按钮，生成六边形内孔，完成风扇扇叶模型的创建。

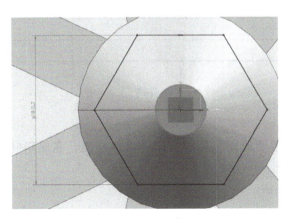

图 2-104 绘制草图

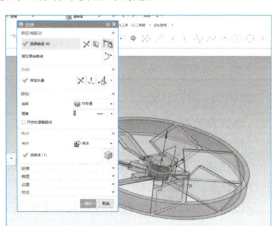

图 2-105 风扇扇叶模型

2. 模型导出

单击"文件"→"导出"→STL,选择扇叶模型,确定文件保存位置,单击"确定"按钮,导出 STL 文件,即可在保存位置找到相应文件。

3. 切片设置

(1)导入模型

启动 Cura 软件,根据打印需求,选择对应打印模式。

(2)参数设置

在基本设置菜单中,修改参数,确定模型效果,并将参数记录在表中,见表 2-24。

表 2-24 切片参数记录表

类别		参数	选择依据
质量	层厚		
	壁厚		
	允许反抽		
填充	底部/顶部厚度		
	填充率		
速度与温度	打印速度		
	喷嘴温度		
	热床温度		
支撑	支撑类型		
	平台附着类型		
耗材	直径		
	流量		
设备型号			
混色模式	混色模式选择		
	右边固定比例		
分层模式	层数		
双色模式	双喷头支撑		
	喷嘴擦拭塔		
	溢出保护		
单色模式			
打印所需时间			

(3)保存 G 代码

参数设置完成后,把扇叶模型保存为 G 代码。

4. 完成打印

将存储有扇叶 G 代码的优盘插入打印机,按照前期积累的打印机操作技能,完成扇叶的打印任务。

记录打印过程中出现的问题及采取的解决办法。

七、手持风扇的组装

对打印完成的所有风扇零件进行修整装配。

学习活动 4　工作总结与评价

一、工作总结

以小组为单位，选择演示文稿、展板、海报、录像等形式中的一种或几种，向全班展示，汇报学习成果。根据评分标准进行评分，见表 2-25。

表 2-25　任务测评表

评分内容		分值	评分		
			自我评分	小组评分	教师评分
图纸分析	与客户沟通顺畅，获取信息准确，记录表填写完整	5			
	能准确识读工程图纸	5			
公差测试	能准确测试打印机配合件打印机精度	10			
按钮模型	正确创建模型	2.5			
	切片参数设置合理	2.5			
	打印操作正确	2.5			
	打印的模型外观光滑，无明显瑕疵	2.5			
摇臂模型	正确创建模型	2.5			
	切片参数设置合理	2.5			
	打印操作正确	2.5			
	打印的模型外观光滑，无明显瑕疵	2.5			
齿轮系模型	正确创建模型	2.5			
	切片参数设置合理	2.5			
	打印操作正确	2.5			
	打印的模型外观光滑，无明显瑕疵	2.5			
风扇壳下壳模型	正确创建模型	2.5			
	切片参数设置合理	2.5			
	打印操作正确	2.5			
	打印的模型外观光滑，无明显瑕疵	2.5			
风扇壳上盖模型	正确创建模型	2.5			
	切片参数设置合理	2.5			
	打印操作正确	2.5			
	打印的模型外观光滑，无明显瑕疵	2.5			

(续)

	评分内容	分值	评分		
			自我评分	小组评分	教师评分
风扇扇叶模型	正确创建模型	2.5			
	切片参数设置合理	2.5			
	打印操作正确	2.5			
	打印的模型外观光滑,无明显瑕疵	2.5			
模型组装	各打印件可以正确装配	5			
	装配好的风扇可以完成预期动作	5			
安全文明生产	遵守安全文明生产规程	5			
	操作完成后认真清理现场	5			
合计		100			

二、综合评价

综合评价表见表2-26。

表 2-26 综合评价表

评价项目	评价内容	评价标准	评价方式		
			自我评价	小组评价	教师评价
职业素养	安全意识、责任意识	A. 作风严谨、自觉遵章守纪、出色地完成工作任务 B. 能遵守规章制度、较好地完成工作任务 C. 遵守规章制度、没完成工作任务,或虽完成工作任务但未严格遵守或忽视规章制度 D. 不遵守规章制度,没完成工作任务			
	团队合作意识	A. 与同学协作融洽、团队合作意识强 B. 与同学沟通、协同工作能力较强 C. 与同学沟通、协同工作能力一般 D. 与同学沟通困难、协同工作能力较差			
专业能力	学习活动1	A. 按时、完整地完成工作,问题回答正确,数据记录准确 B. 按时、完整地完成工作,问题回答基本正确,数据记录基本准确 C. 未能按时完成工作,或内容遗漏、错误较多 D. 未完成工作			
	学习活动2	A. 按时、完整地完成工作,问题回答正确,数据记录准确 B. 按时、完整地完成工作,问题回答基本正确,数据记录基本准确 C. 未能按时完成工作,或内容遗漏、错误较多 D. 未完成工作			

(续)

评价项目	评价内容	评价标准	评价方式		
			自我评价	小组评价	教师评价
专业能力	学习活动3	A. 按时、完整地完成工作,问题回答正确,数据记录准确 B. 按时、完整地完成工作,问题回答基本正确,数据记录基本准确 C. 未能按时完成工作,或内容遗漏、错误较多 D. 未完成工作			
	创新能力	学习过程中提出具有创新性、可行性的建议	加分奖励:		
	学生姓名		综合评定等级		
	指导老师		日期		

习 题

结合图 2-106 所示的球阀模型图纸,设计并完成球阀模型的装配。

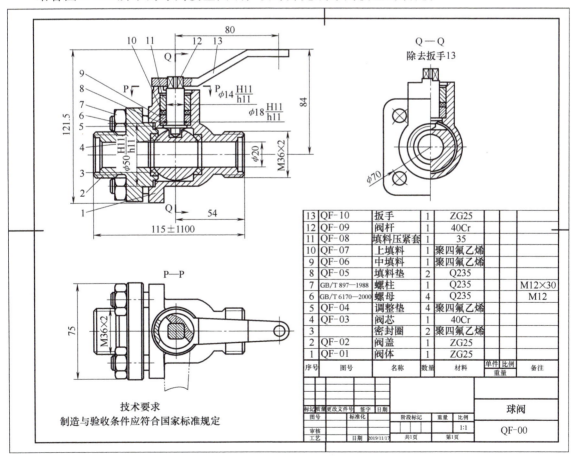

图 2-106 球阀模型图纸

任务 2.4　翻转相册的创新设计与打印

学习目标

1. 掌握产品创新设计的要求；
2. 能够结合客户需求与打印实际，进行产品设计；
3. 能够根据客户需求完成产品设计与制作；
4. 具备创新思维及设计能力；
5. 具备沟通、决策及团队协作的能力。

建议课时：12 课时

翻转相册的
创新设计与
打印任务介绍

工作场景描述

客户在某视频网站上看到一个翻转日历的制作视频，他想利用这个创意制作一个桌面放置的翻转相册，如图 2-107 所示，可以循环展示 20 张以上的 1 寸照片，作为女朋友的生日礼物。请你结合翻转日历的视频帮他实现这个想法。

图 2-107　翻转日历

工作流程与活动

1. 明确工作任务——了解需求
2. 操作前的准备——确定方案
3. 现场操作——建模、切片处理、打印及装配
4. 工作总结与评价

学习活动 1　明确工作任务——了解需求

1）查看视频，了解翻转日历的制作方法，明确翻转日历结构及工作原理。

2-1　翻转日历
制作视频

2）与客户沟通，了解客户需求，获取有效信息，并记录进表 2-27 中。

表 2-27　产品信息调查表

项目	内容	项目	内容
摆放方式		容量要求	
尺寸要求			

项目2 模型正向设计与打印

学习活动 2　操作前的准备——确定方案

1）结合以下引导问题，初步思考相册的组成部件及各部件尺寸。
① 1 寸照片尺寸：_____。
② 照片卡尺寸：_____。
③ 相册盒子尺寸：_____。
④ 相册盒子结构：_____。
⑤ 各部件尺寸：_____。
2）小组讨论，确定翻转相册方案。

学习活动 3　现场操作——建模、切片处理、打印及装配

一、翻转相册的外形设计

根据小组讨论的方案，使用 UG 软件，完成产品设计，并导出 STL 文件，为后续切片处理和打印做准备。

设计过程中的心得体会：

二、翻转相册的切片处理与打印

1. 切片设置

（1）导入模型
启动 Cura 软件，根据打印需求，选择对应打印模式。
（2）参数设置
在基本设置菜单中，修改参数，确定模型效果，并将参数记录在表 2-28 中。

表 2-28　切片参数记录表

类别		参数	选择依据
质量	层厚		
	壁厚		
	允许反抽		

(续)

类别		参数	选择依据
填充	底部/顶部厚度		
	填充率		
速度与温度	打印速度		
	喷嘴温度		
	热床温度		
支撑	支撑类型		
	平台附着类型		
耗材	直径		
	流量		
设备型号			
混色模式	混色模式选择		
	右边固定比例		
分层模式	层数		
双色模式	双喷头支撑		
	喷嘴擦拭塔		
	溢出保护		
单色模式			
打印所需时间			

（3）保存 G 代码

参数设置完成后，把模型保存为 G 代码。

2. 完成打印

将存储有模型 G 代码的优盘插入打印机，按照前期积累的打印机操作技能，完成各组件的打印任务。

记录打印过程中出现的问题及采取的解决办法。

三、翻转相册的装配与改进

将打印完成的部件，进行修整装配。根据测试效果，记录设计中存在的优点与不足，进行合理化改进。

学习活动 4　工作总结与评价

一、工作总结

以小组为单位，选择演示文稿、展板、海报、录像等形式中的一种或几种，向全班展示，汇报学习成果。根据表 2-29 评分标准进行评分。

表 2-29 任务测评表

评分内容		分值	评分		
			自我评分	小组评分	教师评分
了解需求	获取信息准确,记录表填写完整	5			
确定方案	能够根据提示,提出产品初步设计方案	20			
	具有团队合作精神,能够取长补短,高效确定优化方案	10			
产品设计及打印	能够将设计方案,正确转化为三维模型	10			
	产品结构合理,满足客户基本需求	10			
	产品各装部件尺寸合理,装配效果良好	15			
	产品表面无明显瑕疵	10			
	产品外观精美	10			
安全文明生产	遵守安全文明生产规程	5			
	操作完成后认真清理现场	5			
合计		100			

二、综合评价

综合评价表见表 2-30。

表 2-30 综合评价表

评价项目	评价内容	评价标准	评价方式		
			自我评价	小组评价	教师评价
职业素养	安全意识、责任意识	A. 作风严谨、自觉遵章守纪、出色地完成工作任务 B. 能遵守规章制度、较好地完成工作任务 C. 遵守规章制度、没完成工作任务,或虽完成工作任务但未严格遵守或忽视规章制度 D. 不遵守规章制度,没完成工作任务			
	团队合作意识	A. 与同学协作融洽、团队合作意识强 B. 与同学沟通、协同工作能力较强 C. 与同学沟通、协同工作能力一般 D. 与同学沟通困难、协同工作能力较差			
专业能力	学习活动1	A. 按时、完整地完成工作,问题回答正确,数据记录准确 B. 按时、完整地完成工作,问题回答基本正确,数据记录基本准确 C. 未能按时完成工作,或内容遗漏、错误较多 D. 未完成工作			

（续）

评价项目	评价内容	评价标准	评价方式		
			自我评价	小组评价	教师评价
专业能力	学习活动2	A. 按时、完整地完成工作，问题回答正确，数据记录准确 B. 按时、完整地完成工作，问题回答基本正确，数据记录基本准确 C. 未能按时完成工作，或内容遗漏、错误较多 D. 未完成工作			
	学习活动3	A. 按时、完整地完成工作，问题回答正确，数据记录准确 B. 按时、完整地完成工作，问题回答基本正确，数据记录基本准确 C. 未能按时完成工作，或内容遗漏、错误较多 D. 未完成工作			
	创新能力	学习过程中提出具有创新性、可行性的建议	加分奖励：		
	学生姓名		综合评定等级		
	指导老师		日期		

习　题

结合本任务所掌握的技能，对任务2.3制作的手持风扇进行改进，添加相关配件后，设计完成一个手持电动风扇。

项目3　模型逆向设计与打印

任务3.1　吸尘器模型的扫描

学习目标

1. 掌握模型逆向数据采集的工作流程
2. 熟悉并掌握扫描前期准备工作
3. 理解并掌握扫描过程三维扫描仪的操作及软件相关功能
4. 养成严谨耐心的工作习惯

建议课时：4课时

工作场景描述

图3-1为某注塑制品生产厂家生产的某一型号车载吸尘器的后座外壳。客户提供该吸尘器后座外壳模型，希望你公司帮助他们通过逆向扫描的方法，获取完整的产品外观数据，以便后期进行新产品开发。

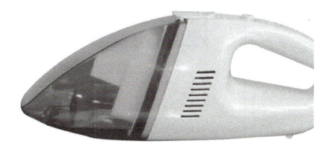

图3-1　车载吸尘器

吸尘器模型的
扫描任务介绍

工作流程与活动

1. 明确工作任务——扫描流程认知
2. 操作前的准备——扫描模型处理
3. 现场操作——吸尘器模型扫描
4. 工作总结与评价

学习活动 1　明确工作任务——扫描流程认知

表 3-1 为用三维扫描仪扫描模型的流程,请熟悉整个流程,并提前准备好扫描过程需要用到的工具。

表 3-1　三维扫描仪扫描模型的流程

序号	内容	需要的工具	工具准备情况
1	扫描样件评估	模型	
2	喷粉(根据上一步评估结果确定是否进行喷粉操作)	显像剂	
3	粘贴标志点	标志点	

（续）

序号	内容	需要的工具	工具准备情况
4	扫描	扫描仪  转盘 	

学习活动2　操作前的准备——扫描模型处理

一、扫描样件评估

1）观察吸尘器外壳表面，确认表 3-2 中的信息。

表 3-2　扫描样件评估信息表

序号	内容	确认结果
1	模型颜色	
2	模型材质	
3	是否反光	
4	是否透光	

2）通过搜索资料了解光学三维扫描设备的工作原理，思考：扫描设备获取三维数据的必要因素是什么？对样件表面提出了什么要求？

二、喷粉

1）根据上一步扫描样件评估结果，这款吸尘器的外壳需要进行喷粉处理吗？
2）如果需要，请根据表 3-3 操作提示，完成喷粉操作。

表 3-3　喷粉操作记录表

序号	操作步骤	技术要点提示	操作过程及体会
1	在喷显像剂前需要摇匀显像剂，使显像剂粉末充分溶解	若冬天由于温度过低粉末无法充分溶解，会造成喷涂在工件表面颗粒很多的情况，可以把显像剂瓶放入温水中或用吹风机稍微加热，使粉末充分溶解	
2	喷涂模型表面。在距离喷涂工件 150～300mm 的位置，长按喷嘴使其匀速划过工件表面，来回喷涂直至显像剂覆盖整个工件	（1）喷涂速度应均匀，避免因显像剂喷涂不足而影响扫描数据 （2）喷涂距离不宜过近，避免因太近或同一位置喷涂太多显像剂而形成积液，影响数据精度 （3）不要遗漏不易喷涂的角落	
3	显像剂喷涂均匀后晾晒 5～10min 使其干燥	喷涂过程中由于液体覆盖在工件表面还未挥发，直接用手接触工件会留下指纹而影响后续扫描数据效果，可以戴橡胶手套或等液体挥发后再触碰工件	
4	喷涂完成	喷涂完成后，显像剂应均匀覆盖工件，表面平滑	

三、粘贴标志点

（1）标志点粘贴技巧

标志点的工作原理是通过至少 3 个或 4 个（根据设备不同而定）标志点，形成一个唯一的空间特征。如果采集到的空间特征在之前出现过，此时软件就可以确定当前数据与之前数据间的相对位置关系，从而进行辅助拼接。

根据该原理，粘贴标志点时应注意以下几点：

1）应根据当前标定范围选择大小合适的标志点，标志点太大或太小都会影响软件识别，从而影响精度；

2）标志点粘贴密度应适当，确保在每次采集视野范围内可以采集到 3 个以上的公共标志点，一般建议 5~7 个，且在相机多个角度中可以同时看到；

3）确保每次扫描到的标志点可以形成一个空间特征，因此标志点应随机均匀粘贴在模型表面，还应避免粘贴成线性、阵列等太规则的情况，如图 3-2 所示；

4）标志点应粘贴在平面或曲面上，粘贴在边缘会造成标志点不完整，从而影响识别，如图 3-3 所示；

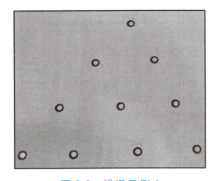

图 3-2　错误示例 1

图 3-3　错误示例 2

5）标志点应保持干净完整，标志点破损或有遮挡会造成标志点圆不完整，从而影响识别。

（2）标志点粘贴策略

根据模型特征，实际粘贴标志点时主要有两种方法。一种方法为贴在物体的表面：对于大部分工件，可以直接粘贴标志点，扫描过程中标志点相对于工件的位置不变，扫描仪和工件可以相对移动，拼接精度可以得到保障。另一种方法为贴在物体的周围：当遇到一些尺寸比较小或结构特征比较复杂的工件时，无法在模型上贴点，这时就需要借助辅助工具或夹具（常贴于底座圆盘上）来贴点，实现拼接扫描的目的。这种方法不会影响采集的数据，但是在扫描过程中，被测物体和周围标记点之间的距离不能改变。

实际操作过程中，也可以将两种方法结合使用。如本模型结构整体对称，为了使操作过程方便快捷，可以在吸尘器外壳和转盘上同时贴点，既节省扫描时间，也可以减少粘贴在物体表面的标志点数量。

（3）标志点的粘贴

结合以上介绍，完成吸尘器模型标志点的粘贴工作，并记录操作心得。

学习活动 3　现场操作——吸尘器模型扫描

操作步骤及技术要点提示见表 3-4，并将操作过程及体会记录在表中。

3-1　准备扫描 1　　　　　3-2　准备扫描 2　　　　　3-3　补扫缺失部分

表 3-4　模型扫描操作记录表

序号	操作步骤	技术要点提示	操作记录及体会
1	标定。标定成功时显示： 计算标定参数执行完毕！标定结果平均误差：0.018	操作过程见任务 1.2 三维扫描仪的调试	
2	准备开始扫描。新建工程，将模型放在转盘中间位置，打开投射十字，确定模型基本位于投射十字中间	旋转转盘，在软件中相机实时显示区确认以下信息： ①白色十字与黑色十字是否重合（可通过摇柄调节高度） ②模型显示亮度是否合适（可通过软件中相机曝光值调整） ③能否扫描到模型整体	
3	开始扫描。单击"开始扫描"按钮，开始进行扫描操作	第一次扫描尽量扫到 5 个以上的标志点	
4	扫描上传至软件的点云数据不完整时，沿同一方向转动转盘，继续补扫使缺失部分完整	注意要确保下一步扫描区域与上一步扫描区域有 3 个以上的标志点重合（即公共标志点）	
5	翻转模型及转盘，扫描模型下表面数据	操作步骤与扫描上表面的过程相同	

(续)

序号	操作步骤	技术要点提示	操作记录及体会
6	保存点云数据。将点云数据保存在目标目录下,文件格式选择"顶点文件.asc"	也可以根据扫描结果,在界面左侧"模型管理器"中选择要保存的点云数据,选择"点"选项下的"联合点对象"命令,将多组数据合并为一组数据	

学习活动 4 工作总结与评价

一、工作总结

以小组为单位,选择演示文稿、展板、海报、录像等形式中的一种或几种,向全班展示,汇报学习成果。根据表 3-5 评分标准进行评分。

表 3-5 任务测评表

评分内容		分值	评分		
			自我评分	小组评分	教师评分
熟悉流程	能够准确说出扫描工作完整流程	5			
	各流程所需工具准备齐全	5			
模型处理	正确完成扫描样件评估	10			
	喷涂后的模型,显像剂覆盖均匀、平滑	10			
	标志点粘贴合理	10			
模型扫描	能独立完成扫描仪标定工作	10			
	熟练完成扫描仪位置调整、相机参数调试	10			
	能获取模型完整点云数据	10			
	能以正确格式保存扫描后的点云数据	10			
安全文明生产	遵守安全文明生产规程	10			
	操作完成后认真清理现场	10			
合计		100			

二、综合评价

综合评价表见表 3-6。

表 3-6 综合评价表

评价项目	评价内容	评价标准	评价方式		
			自我评价	小组评价	教师评价
职业素养	安全意识、责任意识	A. 作风严谨、自觉遵章守纪、出色地完成工作任务 B. 能遵守规章制度、较好地完成工作任务 C. 遵守规章制度、没完成工作任务,或虽完成工作任务但未严格遵守或忽视规章制度 D. 不遵守规章制度,没完成工作任务			
	团队合作意识	A. 与同学协作融洽、团队合作意识强 B. 与同学沟通、协同工作能力较强 C. 与同学沟通、协同工作能力一般 D. 与同学沟通困难、协同工作能力较差			
专业能力	学习活动1	A. 按时、完整地完成工作,问题回答正确,数据记录准确 B. 按时、完整地完成工作,问题回答基本正确,数据记录基本准确 C. 未能按时完成工作,或内容遗漏、错误较多 D. 未完成工作			
	学习活动2	A. 按时、完整地完成工作,问题回答正确,数据记录准确 B. 按时、完整地完成工作,问题回答基本正确,数据记录基本准确 C. 未能按时完成工作,或内容遗漏、错误较多 D. 未完成工作			
	学习活动3	A. 按时、完整地完成工作,问题回答正确,数据记录准确 B. 按时、完整地完成工作,问题回答基本正确,数据记录基本准确 C. 未能按时完成工作,或内容遗漏、错误较多 D. 未完成工作			
创新能力		学习过程中提出具有创新性、可行性的建议	加分奖励:		
学生姓名			综合评定等级		
指导老师			日期		

习 题

寻找可以用于扫描的模型，进行扫描练习。

任务3.2 雷达猫眼零件点云封装处理

学习目标

1. 掌握模型产品点云处理过程
2. 掌握 Geomagic Wrap 软件工作界面
3. 掌握用 Geomagic Wrap 软件对模型数据进行杂点处理、光顺处理和封装的方法
4. 养成严谨认真的工作习惯

建议课时：6课时

工作场景描述

小李得到了某公司正在生产的雷达猫眼零件的三维扫描数据，如图3-4所示，他想在这个模型的基础上进行优化设计，但由于不熟悉点云数据的处理方法，因此向你寻求帮助，希望你对该数据文件进行处理后，给出可以进一步进行建模设计的STL文件。

图3-4 雷达猫眼零件点云数据

雷达猫眼零件
点云封装处
理任务介绍

工作流程与活动

1. 明确工作任务——点云数据处理认知
2. 操作前的准备——Geomagic Wrap 软件初识
3. 现场操作——点云封装处理
4. 工作总结与评价

学习活动1 明确工作任务——点云数据处理认知

引导问题1：客户提供什么类型的文件？

引导问题2:客户要求交付什么类型的文件?

引导问题3:扫描后得到的数据可以保存成哪些类型的文件?

引导问题4:这些文件可以直接进行建模设计吗?

学习活动2　操作前的准备——Geomagic Wrap 软件初识

一、Geomagic Wrap 软件操作界面

将表3-7中各部分对应的序号,填入图3-5中正确位置。

表3-7　Geomagic Wrap 软件操作界面

序号	1	2	3	4	5	6	7	8	9
名称	标题栏	菜单栏	状态栏	显示栏	工具	工具条	特征树	数字模型	内存/缓存监视

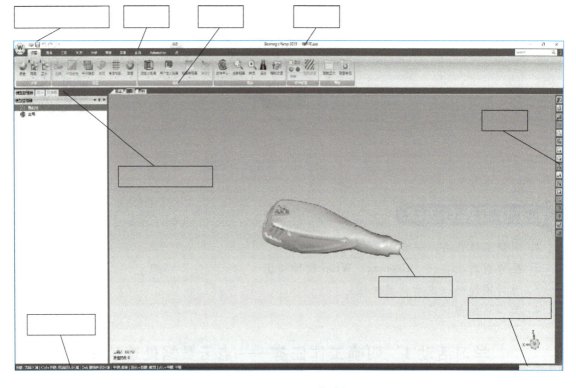

图3-5　Geomagic Wrap 软件操作界面

二、鼠标键盘的操作

打开 Geomagic Wrap 软件，导入文件后，尝试以下操作，明确以下操作的功能，并将表 3-8 填写完整。

表 3-8　Geomagic Wrap 鼠标键盘基本操作

序号	操作	功能
1	滚动鼠标滚轮〈Shift〉键+鼠标右键上下滑动鼠标	
2	〈Ctrl〉键+鼠标右键移动鼠标/同时按下鼠标左右键	
3	按下鼠标右键移动鼠标	
4	单击鼠标左键	
5	〈Shift〉键+鼠标左键选择对象	
6	〈Ctrl〉键+鼠标左键选择需要解除的对象	

学习活动 3　现场操作——点云封装处理

一、导入点云数据

启动 Geomagic Wrap 软件，单击工具栏上的"打开"图标，系统弹出"打开文件"对话框，选中"雷达猫眼件.asc"文件后，单击"打开"按钮，工作区中就会显示猫眼件扫描数据。可以看到刚刚扫描完成的数据，点云是杂乱粗糙的，因此必须进行后续的数据处理。

3-4　点云封装
（删除四周杂点）

二、着色点云数据

为了使点云的形状更加清晰，方便观察，导入数据后首先需要对点云进行着色。选中模型管理器中的点云数据后，单击"点"菜单栏，选择"着色"命令，模型数据就会呈现如图 3-6 所示的高亮状态。此时就可以对模型数据进行观察，判断扫描数据是否完整。

图 3-6　高亮状态

为了更方便地观察点云数据,可以在操作区域单击鼠标右键,选择"设置旋转中心"命令,在合适的位置单击,就可以设置以该位置为中心,对数据进行放大、缩小或旋转。

三、删除四周杂点

(1) 手动删除大面积杂点

选择工具栏中的"套索选择工具" ,按住鼠标左键勾画出模型的外部轮廓,被选中的区域将会呈现如图 3-7 所示的深色(软件实际操作中为红色,下同)。单击鼠标右键,选择"反转选区"后,被选中的点云数据就会出现反转,如图 3-8 所示。此时单击"点"菜单下的"删除" 命令,或直接使用键盘〈Delete〉键,就可以将大面积杂点进行删除。

旋转模型,从不同角度观察,多次重复该操作,尽可能多地删除大面积杂点。

图 3-7　选区

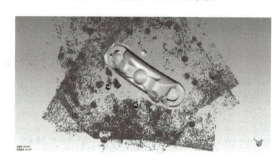

图 3-8　反转选区

除了通过观察的方法来手动删除杂点之外,也可以利用"非连接项"和"体外孤点"的方法,通过软件自身的计算,筛选出多余的杂点,该方法非常方便。

(2) 利用"非连接项"删除杂点

非连接项是指同一物体上由一定数量的点形成的彼此间分离的点群中的点。

单击"点"菜单下的"选择"菜单,选择"非连接项" 命令,弹出如图 3-9 所示的"选择非连接项"对话框。为了使系统能够选择出在拐角处离主点云很近但不属于主点云的一部分点,这里通常将"分隔"方式设置为"低","尺寸"选项按默

图 3-9　"选择非连接项"对话框

认值"5.0",单击"确定"按钮。点云中的非连接项就会被选中,呈现出深色,单击"点"菜单下的"删除"命令或直接按下〈Delete〉键将其删除即可。

(3) 利用"体外孤点"删除杂点

体外孤点是指与其他绝大多数的点云具有一定距离的点。体外孤点设置为较低数值,系统会选择远距离的点,而高数值选择的范围会更接近真实数据。

单击"点"菜单下的"选择",选择"体外孤点" 命令,弹出如图 3-10a 所示的"选择体外孤点"对话框。根据模型状况,设置"敏感度"值,本次选中默认值"85",单击"应用"按钮。点云中的非连接项就会被选中,呈现出深色,如图 3-10b 所示。单击

项目3 模型逆向设计与打印

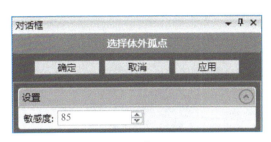
a)"选择体外孤点"对话框

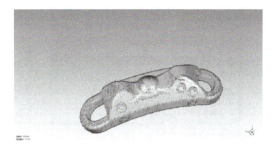
b)删除体外孤点

图3-10 利用"体外孤点"删除杂点

"确定"按钮后,就可以单击"点"菜单下的"删除"命令或直接按下〈Delete〉键对选中的体外孤点进行删除。

"体外孤点"和"非连接项"的命令效果相似,但"体外孤点"更为敏感,为避免主体数据被过多删除,该命令一般操作2~3次即可。

(4)减少噪声

由于逆向设备或扫描方法等因素的影响,造成扫描数据存在系统误差和随机误差,当有些扫描点的误差比较大,超出允许范围后,就形成了噪声点。因此如果在删除杂点后主体表面还是很粗糙,可以通过减少噪声进一步提高表面质量。

单击"点"菜单下的"减少噪音" 命令,弹出如图3-11所示的"减少噪音"对话框○。选中"自由曲面形状","平滑度水平"选择"无","迭代"设为"5","偏差限制"设为"0.05mm",单击"确定"按钮。

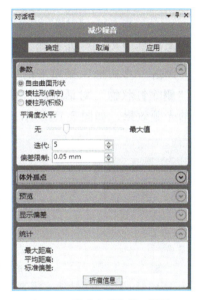

图3-11 "减少噪音"对话框

四、封装数据

单击"点"菜单下的"封装" 命令,弹出如图3-12所示的"封装"对话框,本案例使用默认数据,单击"确定"按钮,这个命令将围绕点云进行封装计算,使点云数据转化为如图3-13所示的三角面片模型。该对话框中的"采样"选项,是通过设置点间距或设定三角形的数量来进行采样的,模板三角形数量设置得越多,封装后多边形网格就越紧密。最下方的"执行"设置可以调节采样质量的高低,可以根据点云数据的实际特征,进行适当的设置。

五、多边形处理

(1)松弛、删除钉状物

"多边形"菜单下"平滑"组中的命令都可以使三角面片更加光滑,使

3-5 点云封装
(多边形处理)

○ "噪音"是不规范的说法,这里是由于软件汉化导致的。——编辑注

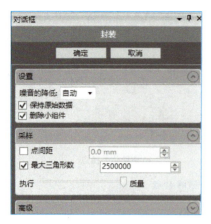

图 3-12 "封装"对话框

图 3-13 三角面片模型

用较多的是"松弛"命令和"删除钉状物"命令。

单击"多边形"菜单下的"松弛"或"删除钉状物"命令，弹出如图 3-14 所示的"删除钉状物"对话框后，根据模型特征设置参数，单击"应用"按钮，就可以看到模型的光顺效果，如图 3-15 所示。

图 3-14 "删除钉状物"对话框

图 3-15 模型的光顺效果

（2）填充孔洞

关闭"选择背景模式"如图 3-16 所示，框选不完整（有漏洞和有毛边）的三角面片，选中区域高亮显示后，将其删除。也可以利用"开流形"命令，删除如图 3-17 所示独立于主体之外的三角面片。

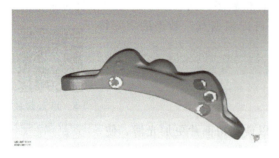

图 3-16 框选不完整（有漏洞和有毛边）的三角面片

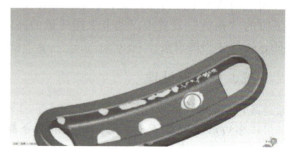

图 3-17 独立于主体之外的三角面片

开流形过后就可以使用"填充单个孔"命令修补模型空洞使其光滑。

单击"多边形"菜单下的"填充单个孔"命令，根据孔洞特征，选择相应的填充方式，最终完成填补。

（3）"网格医生"检查

全部修改完成后使用"网格医生"再次确定，如图3-18所示，当分析栏全部为零时修正成功。

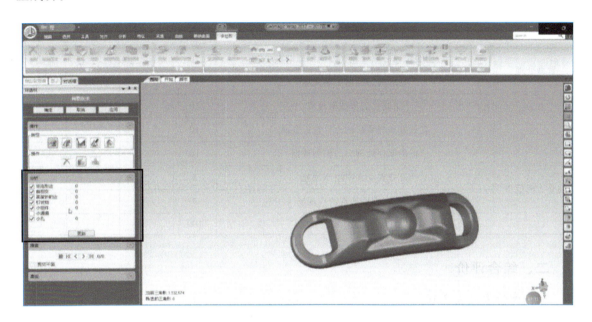

图 3-18 "网格医生"检查

"网格医生"集成了删除钉状物、填充、去除特征、开流形等功能，对于简单数据能快速处理完成，但如果数据比较复杂，使用该命令的计算量较大，容易造成死机，建议不要使用。

六、保存数据

单击左上角图标，将文件另存为"雷达猫眼件.stl"文件。

学习活动 4　　工作总结与评价

一、工作总结

以小组为单位，选择演示文稿、展板、海报、录像等形式中的一种或几种，向全班展示，汇报学习成果。根据表3-9评分标准进行评分。

表 3-9　任务测评表

评分内容		分值	评分		
			自我评分	小组评分	教师评分
基本认知	熟悉数据处理所需要的文件类型	5			
	熟悉 Geomagic Wrap 软件基本操作	5			
数据处理	正确导入模型	10			
	正确选择采样比例及单位	10			
	完成点云着色	10			
	能够快速有效处理模型周围的杂点	10			
	处理后的模型表面光顺	10			
	完成点云数据的封装	10			
	有效处理封装后的面片数据表面	10			
	正确保存处理后的模型数据	10			
安全文明生产	遵守安全文明生产规程	5			
	操作完成后认真清理现场	5			
合计		100			

二、综合评价

综合评价表见表 3-10。

表 3-10　综合评价表

评价项目	评价内容	评价标准	评价方式		
			自我评价	小组评价	教师评价
职业素养	安全意识、责任意识	A. 作风严谨、自觉遵章守纪、出色地完成工作任务 B. 能遵守规章制度、较好地完成工作任务 C. 遵守规章制度、没完成工作任务，或虽完成工作任务但未严格遵守或忽视规章制度 D. 不遵守规章制度、没完成工作任务			
	团队合作意识	A. 与同学协作融洽、团队合作意识强 B. 与同学沟通、协同工作能力较强 C. 与同学沟通、协同工作能力一般 D. 与同学沟通困难、协同工作能力较差			
专业能力	学习活动 1	A. 按时、完整地完成工作，问题回答正确，数据记录准确 B. 按时、完整地完成工作，问题回答基本正确，数据记录基本准确 C. 未能按时完成工作，或内容遗漏、错误较多 D. 未完成工作			

（续）

评价项目	评价内容	评价标准	评价方式		
			自我评价	小组评价	教师评价
专业能力	学习活动 2	A. 按时、完整地完成工作，问题回答正确，数据记录准确 B. 按时、完整地完成工作，问题回答基本正确，数据记录基本准确 C. 未能按时完成工作，或内容遗漏、错误较多 D. 未完成工作			
	学习活动 3	A. 按时、完整地完成工作，问题回答正确，数据记录准确 B. 按时、完整地完成工作，问题回答基本正确，数据记录基本准确 C. 未能按时完成工作，或内容遗漏、错误较多 D. 未完成工作			
创新能力		学习过程中提出具有创新性、可行性的建议	加分奖励：		
学生姓名			综合评定等级		
指导老师			日期		

习 题

对任务 3.1 扫描得到的吸尘器模型点云数据进行封装处理。

任务 3.3 冲压件模型逆向建模

学习目标

1. 掌握逆向建模的工作流程
2. 熟悉逆向建模软件工作界面
3. 掌握 Geomagic Design X 软件基本功能
4. 具备精益求精的职业素养

建议课时：6 课时

工作场景描述

某冲压件生产厂家生产的某一型号冲压件，在大批量生产后模具局部出现损坏，无法生产出合格制件。由于模具及制件图纸丢失，因此客户希望采用逆向工程的方法，根据图 3-19 所示合格产品的扫描三维数据，对该冲压件进行逆向建模后，再反推出模具的生产图样，从而修复模具损坏部分。现客户找到你公司，希望能为其提供合格的制件逆向建模模型，要求曲面光顺，整体精度在 0.05mm 以内。

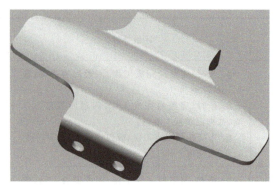

冲压件模型逆
向建模任务介绍

图 3-19　冲压件模型

工作流程与活动

1. 明确工作任务——逆向建模基础初识
2. 操作前的准备——Geomagic Design X 软件初识
3. 现场操作——冲压件逆向建模
4. 工作总结与评价

学习活动 1　明确工作任务——逆向建模初识

一、获取信息

与客户进行沟通，了解客户需求，获取有效信息，并记录进表 3-11 中。

表 3-11　洽谈沟通表

产品名称		洽谈时间	
客户公司		客户姓名	
客户地址		联系方式	
客户可以提供的资料			
客户需求信息（根据工作场景获取有效信息）			
项目名称	沟通要点		现场记录
订单数量	确定准确的订单数量		
交付形式及要求	确定最终交付产品的形式及要求		
产品用途	明确产品最终用途，确认客户方案是否合理		
交期要求	根据模型难易程度，预估工作时长，初步确定交期		

二、制订计划

引导问题 1：客户提供什么类型的文件？

引导问题 2：客户要求交付什么类型的文件？

引导问题 3：用传统的正向建模软件可以对三维扫描获取的点云或面片数据进行编辑吗？

引导问题 4：我们需要怎么做？

学习活动 2　操作前的准备——Geomagic Design X 软件初识

一、Geomagic Design X 软件操作界面

将表 3-12 中各部分对应的序号，填入图 3-20 中正确位置。

表 3-12　Geomagic Design X 软件操作界面

序号	名称	序号	名称
1	标题栏	8	特征树
2	菜单栏	9	模型树
3	状态栏	10	对话框
4	显示栏	11	数字模型
5	分析栏	12	选择过滤器
6	工具	13	内存/缓存监视
7	工具条		

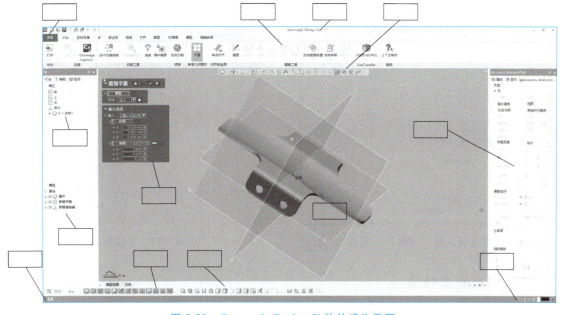

图 3-20　Geomagic Design X 软件操作界面

二、鼠标键盘的操作

打开 Geomagic Design X 软件，在导入文件后，按照任务 3.2 中介绍的操作方法尝试实

现以下功能,明确以下功能的操作,并将表 3-13 填写完整。

表 3-13　Geomagic Design X 鼠标键盘基本操作

序号	操作	功能
1		模型缩放
2		模型平移
3		模型旋转
4		选择要素
5		选择多个要素
6		解除选择要素

学习活动 3　现场操作——冲压件逆向建模

一、导入模型数据

启动 Geomagic Design X 软件后,单击左上角的"导入"命令,在如图 3-21 所示的对话框中选择要导入的"冲压件"三角面片数据,进入如图 3-22 所示的工作界面。

图 3-21　选择要导入的"冲压件"三角面片数据

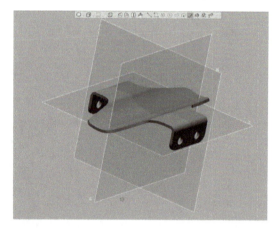

图 3-22　工作界面

二、创建模型特征

1. 提取领域

用"笔刷"选择模式刷取如图 3-23 所示的范围,单击"领域"菜单,选择"插入"命令,就完成了对该领域的提取,提取出的领域会以不同颜色显示,如图 3-24 所示。

使用同样的操作,完成对图 3-25 上侧区域及侧边区域的领域提取。

项目3 模型逆向设计与打印

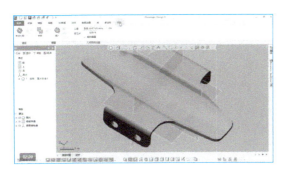

图 3-23 选取范围

图 3-24 提取领域

a) 上侧区域

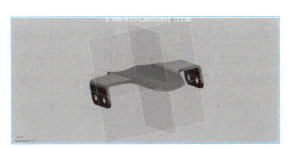

b) 侧边区域

图 3-25 完成提取

2. 面片拟合生成上层面片

单击"模型"菜单，选择"面片拟合"命令，图案，出现如图 3-26 所示的"面片拟合"对话框，点选第 1 步生成的中间部分的领域，拖拽该区域周边的圆点，可以对曲面生成的范围进行调整，调整到合适大小后，单击 图标，进入下一阶段，可以对拟合出的面片效果进行预览，如图 3-27 所示；如果效果不佳，可以单击 图标，返回上一阶段进行调整；得到合适的面片预览效果后，单击"确认"按钮 ，即可生成面片，如图 3-28 所示。

使用同样的操作，利用"面片拟合"命令生成另外一部分区域的曲面片，如图 3-29 所示。

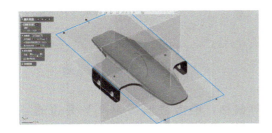

图 3-26 "面片拟合"对话框

图 3-27 效果预览

113

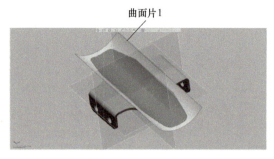

图 3-28　生成面片 1　　　　　　　图 3-29　生成面片 2

3. 放样向导生成侧边面片

单击"模型"菜单，选择"放样向导" 命令，出现如图 3-30 所示的"放样向导"对话框，点选第 1 步生成的侧边的领域，通过拖拽箭头及周边圆点可以调整曲面范围，在调整到合适大小后，单击 图标，进入下一阶段，对如图 3-31 所示的面片效果进行预览，若预览效果合适，单击"确认"按钮，生成侧边部分的面片，如图 3-32 所示。

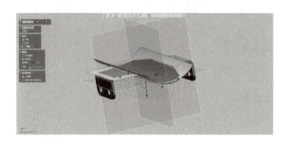
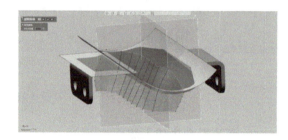

图 3-30　"放样向导"对话框　　　　　图 3-31　效果预览

4. 曲面偏移生成下层面片

单击"模型"菜单中的"曲面偏移" 命令，弹出如图 3-33 所示的"曲面偏移"对话框，选择第 2 步生成的两个上层面片，进行曲面偏移操作。

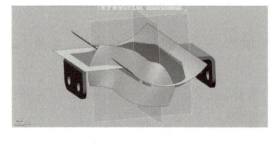
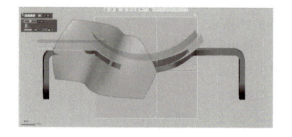

图 3-32　生成侧边面片　　　　　　图 3-33　"曲面偏移"对话框

观察曲面偏移的方向，如果需要向相反方向偏移，单击"偏移距离"旁边的"反向" 按钮。仔细观察模型，调整偏移距离，此处将偏移距离设置为 1mm，单击"确认"按钮，生成下层曲面，如图 3-34 所示。

项目3 模型逆向设计与打印

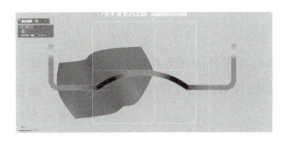
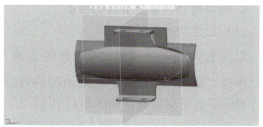

图 3-34　生成下层曲面

观察生成的下层曲面，整体显示为蓝色，说明新生成曲面的方向是正面向内的，这种情况需要通过"反转法线"操作，将曲面方向向外反转。

单击"模型"菜单中的"反转法线" ![反转法线] 命令，弹出如图 3-35 所示的"反转法线"对话框后，选择刚才生成的两个下层曲面，单击"确认"按钮，把两个曲面的法线方向反转过来，下层曲面也会呈现如图 3-36 所示的亮黄色。

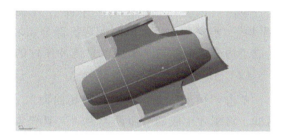

图 3-35　"反转法线"对话框　　　　　　　　图 3-36　下层曲面呈亮黄色

5. 剪切曲面去除多余部分

单击"模型"菜单中的"剪切曲面" ![剪切曲面] 命令，弹出如图 3-37 所示的"剪切曲面"对话框后，框选前面生成的所有曲面作为"剪切工具"，同时取消勾选"对象"，单击 ![→] 图标，进入下一阶段。仔细观察模型，将需要保留的部分作为"残留体"，如图 3-38 所示。单击"确认"按钮，得到如图 3-39 所示曲面。

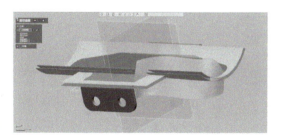

图 3-37　"剪切曲面"对话框

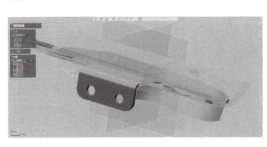
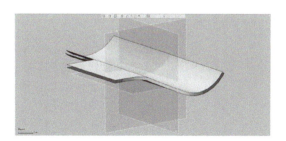

图 3-38　残留体　　　　　　　　　　　　　图 3-39　剪切后曲面

6. 对中剪切创建部分对称曲面

（1）创建均分平面

用"笔刷" 选择模式刷取如图 3-40 所示的冲压件侧面弯折部分，单击"领域"菜单，选择"插入" 命令，提取出侧面弯折部分的区域。使用同样的操作，将另一侧弯折部分的领域也提取出来，如图 3-41 所示。

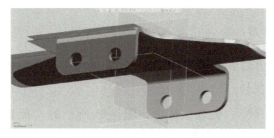 

图 3-40 冲压件侧面弯折部分　　　　　　图 3-41 冲压件另一侧的侧面弯折部分

单击"模型"菜单中的"平面" 命令，弹出"平面"对话框后，设置"方法"为"平均"，点选刚才生成的两侧弯折部分领域，单击"确认"按钮，在两个弯折部分的中间生成了均分平面。这个平面就是该冲压件的对称平面。

（2）剪切曲面去除多余部分

单击"模型"菜单中的"剪切曲面" 命令，弹出如图 3-42 所示的"剪切曲面"对话框，将刚才生成的平面设置为"工具要素"，将第 5 步生成的曲面设置为"对象体"，如图 3-43 所示，单击 图标，进入下一阶段。选择左侧曲面作为"残留体"，单击"确认"按钮，生成如图 3-44 所示的冲压件左侧对称部分曲面。

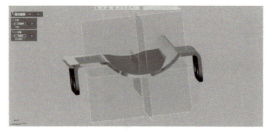 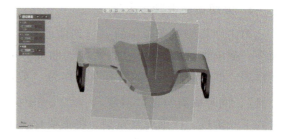

图 3-42 "剪切曲面"对话框　　　　　　图 3-43 选择左侧曲面作为"残留体"

再次单击"模型"菜单中的"剪切曲面" 命令，弹出如图 3-45 所示的"剪切曲面"

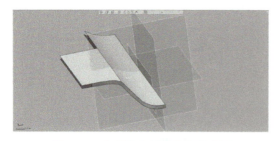 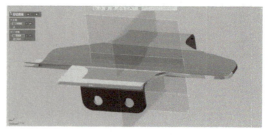

图 3-44 冲压件左侧对称部分曲面　　　　　　图 3-45 "剪切曲面"对话框

对话框,选择前平面作为"工具要素",将刚才生成的左侧对称部分曲面设置为"对象体",如图 3-46 所示,单击 ➡ 图标,进入下一阶段。选择右侧曲面作为"残留体",单击"确认"按钮,生成如图 3-47 所示的冲压件 1/4 对称部分曲面。

图 3-46　选择左侧对称部分曲面作为"对象体"

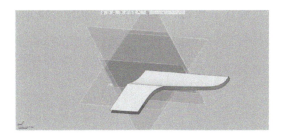

图 3-47　冲压件 1/4 对称部分曲面

7. 创建侧面弯折部分

(1) 创建曲面裁剪曲面片

单击"草图"菜单中的"面片草图" 命令,弹出如图 3-48 所示"面片草图的设置"对话框,选择上平面作为"基准平面",单击"确认"按钮,进入如图 3-49 所示的草图绘制界面。

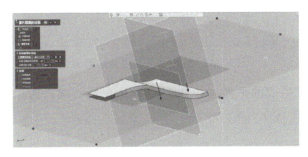

图 3-48　"面片草图的设置"对话框

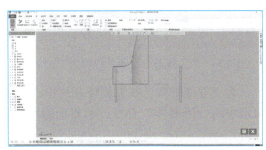

图 3-49　草图绘制界面

单击界面上方"直线" 命令,绘制如图 3-50 所示的直线,单击"退出" 命令。

单击"模型"菜单中"创建曲面"组中的"拉伸"命令,弹出如图 3-51 所示的"拉伸"对话框,选中刚才绘制的直线作为"轮廓",拖拽箭头,向两个方向都进行拉伸,直到生成的曲面穿过前面生成的 1/4 部分曲面片,单击"确认"按钮,生成如图 3-52 所示的拉伸平面。

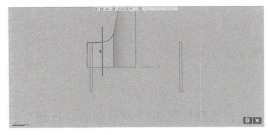

图 3-50　直线绘制

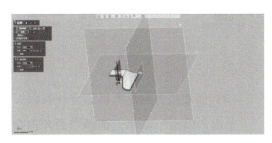

图 3-51　"拉伸"对话框

单击"模型"菜单中的"剪切曲面" 命令，弹出如图 3-53 所示的"剪切曲面"对话框，将刚才生成的平面设置为"工具要素"，将第 6 步生成的 1/4 部分曲面片设置为"对象体"，如图 3-54 所示，单击 图标，进入下一阶段。选择右侧曲面体作为"残留体"，单击"确认"按钮，完成剪切，如图 3-55 所示。

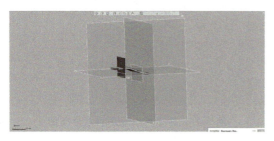

图 3-52　拉伸平面

图 3-53　"剪切曲面"对话框

图 3-54　将 1/4 部分曲面片设置为"对象体"

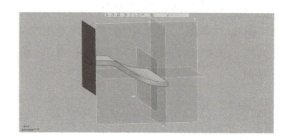

图 3-55　完成曲面裁剪后的曲面片

为了方便观察，在左侧特征树中选中刚才生成的平面"拉伸 1"，单击鼠标右键，选择图示中的"隐藏体"命令，将平面隐藏，如图 3-56 所示。

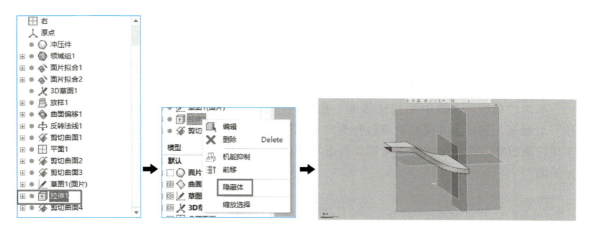

图 3-56　隐藏平面

（2）面片拟合创建弯折部分外表面

单击"模型"菜单，选择"面片拟合" 命令，选择如图 3-57 所示侧面弯折部分的领域，单击"确认"按钮，生成如图 3-58 所示侧面弯折部分的外表面。

项目3 模型逆向设计与打印

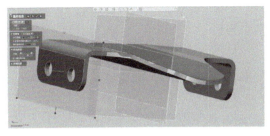

图 3-57 选择侧面弯折部分

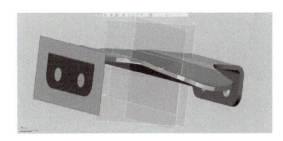

图 3-58 侧面弯折部分的外表面

（3）面片偏移生成弯折部分内表面

单击"模型"菜单中的"曲面偏移" 曲面偏移 命令，弹出如图 3-59 所示的"曲面偏移"对话框，选择刚才生成的外表面，选择正确的偏移方向，将偏移距离设置为 1mm，单击"确认"按钮，生成如图 3-60 所示的内表面。

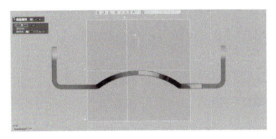

图 3-59 "曲面偏移"对话框

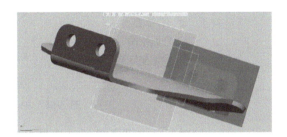

图 3-60 生成内表面

如果生成的表面呈现蓝色，同样需要通过如图 3-61 所示的"反转法线"操作，将面片法线方向向外反转，反转后的表面呈现亮黄色，如图 3-62 所示。

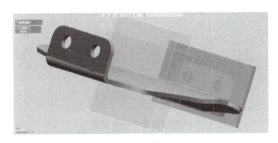

图 3-61 反转法线

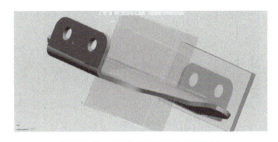

图 3-62 向外翻转后呈亮黄色

（4）拉伸面片草图创建弯折部分侧表面

单击"草图"菜单中的"面片草图" 命令，弹出如图 3-63 所示的"面片草图的设置"对话框，选择刚才创建的外表面作为"基准平面"，得到蓝色区域所示的截面轮廓，单击"确认"按钮，进入如图 3-64 所示的草图绘制界面。

关闭左侧模型树中面片和曲面体前方如图 3-65 所示的"小眼睛"图标，隐藏面片和曲面体，留下轮廓部分，便于绘制草图。

单击界面上方"矩形" 矩形 命令，绘制如图 3-66a 所示与轮廓三边贴合的矩形（可以删除下侧，便于后续剪切）。单击界面上方"圆角" 命令，选择矩形左侧直线后，按下

119

图 3-63 "面片草图的设置"对话框

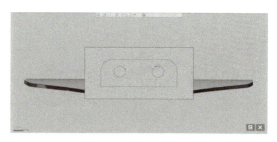
图 3-64 草图绘制界面

图 3-65 关闭"小眼睛"图标

〈Shift〉键,同时鼠标左键不松开,选择上侧直线拖动,直到圆角与轮廓圆角贴合,根据此时生成圆角的尺寸,修改圆角半径为整数(这里将圆角半径指定为"3mm"),如图 3-66b 所示。

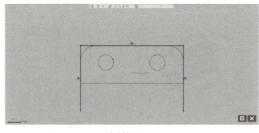
a) 绘制矩形

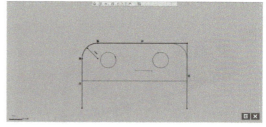
b) 修改圆角半径为整数

图 3-66 绘制圆角

确定了左侧圆角半径后,可以直接单击"圆角"命令。如图 3-67 所示,指定右侧圆角半径为"3mm"。完成草图后,单击"退出" 命令,退出草图绘制环境。

单击"模型"菜单中"创建曲面"组中的"拉伸"命令,弹出如图 3-68 所示的"拉伸"对话框,选中刚才绘制的草图作为"轮廓",拖拽箭头进行拉伸,单击"确认"按钮,生成拉伸曲面,如图 3-69 所示。使用"反转法线"命令,将生成的曲面法线反转,使曲面呈现如图 3-70 所示的黄色。

(5)面片拟合创建弯折部分上平面

单击"模型"菜单中的"面片拟合" 命令,弹出如图 3-71 所示的"面片拟合"对话框，选择上侧领域，单击"确认"按钮，生成上平面，如图3-72所示。

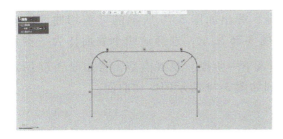

图3-67　指定右侧圆角半径为"3mm"

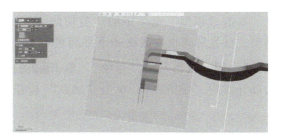

图3-68　"拉伸"对话框

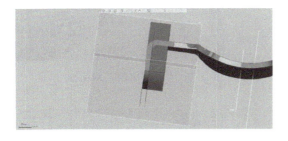

图3-69　生成拉伸曲面

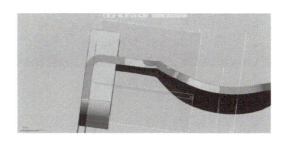

图3-70　使曲面呈现黄色

图3-71　"面片拟合"对话框

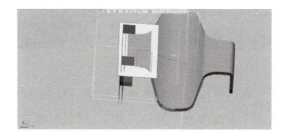

图3-72　生成上平面

（6）面片偏移生成下平片

使用"曲面偏移"命令，弹出如图3-73所示的曲面偏移对话框，选择刚才生成的上平面，选择正确的偏移方向，将偏移距离设置为1mm，单击"确认"按钮，生成如图3-74所示的下平面。使用"反转法线"命令，将生成的曲面法线反转，使曲面呈现如图3-75所示的黄色。

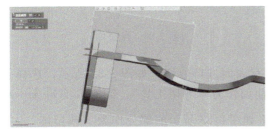

图3-73　曲面偏移对话框

图3-74　生成下平面

（7）剪切曲面去除多余部分

单击"模型"菜单中的"剪切曲面" 命令，弹出如图 3-76 所示的"剪切曲面"对话框，首先对弯板内表面和下平面进行剪切，如图 3-76 所示，选择这两个表面作为"剪切工具"，同时取消勾选"对象"，单击 图标，进入下一阶段。观察模型，将如图 3-77 所示的部分作为"残留体"，单击"确认"按钮，得到如图 3-78 所示的剪切曲面。

图 3-75　使曲面呈现黄色

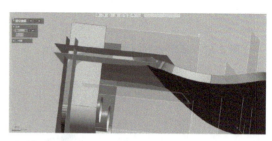

图 3-76　"剪切曲面"对话框

图 3-77　残留体

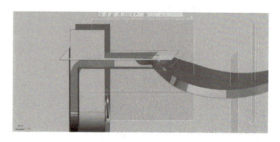

图 3-78　剪切曲面

再次使用"剪切曲面"命令，对弯板外表面和上平面进行剪切，如图 3-79 所示，选择这两个表面作为"剪切工具"，同时取消勾选"对象"，单击 图标，进入下一阶段。观察模型，将如图 3-80 所示的部分作为"残留体"，单击"确认"按钮，得到图 3-81 所示剪切曲面。

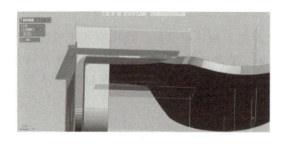

图 3-79　选择剪切工具

图 3-80　残留体

再次使用"剪切曲面"命令，最后对弯板所有表面进行剪切，如图 3-82 所示，选择前两步剪切得到的弯折部分外侧和内侧表面及侧边曲面作为"剪切工具"，同时取消勾选"对象"，单击 图标，进入下一阶段。观察模型，将如图 3-83 所示的部分作为"残留体"，单击"确认"按钮，得到如图 3-84 所示剪切曲面。

项目3 模型逆向设计与打印

图 3-81 剪切曲面

图 3-82 选择剪切工具

图 3-83 残留体

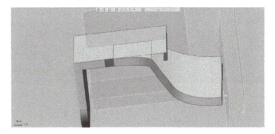

图 3-84 剪切曲面

(8) 对中剪切创建部分对称曲面

使用"剪切曲面"命令,选择前平面为"工具要素",上一步剪切生成的曲面为"对象体",如图 3-85 所示,单击 图标,进入下一阶段。选择如图 3-86 所示的右侧曲面作为"残留体",单击"确认"按钮,生成如图 3-87 所示的弯折板左侧对称部分曲面。

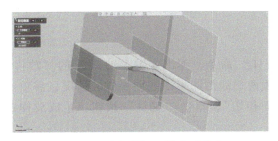

图 3-85 选择剪切工具和对象体

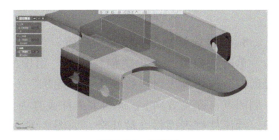

图 3-86 残留体

(9) 创建平面剪切多余部分

单击"模型"菜单中的"平面" 命令,弹出如图 3-88 所示的"添加平面"对话框,设置"方法"为"偏移",选择第 6 步的(1)中创建的对称平面,拖拽箭头,生成如图 3-89 所示的新平面。

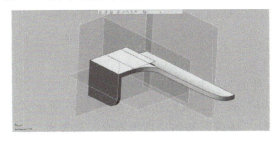

图 3-87 弯折板左侧对称部分曲面

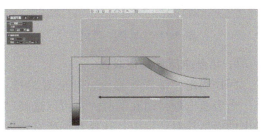

图 3-88 "添加平面"对话框

使用"剪切曲面"命令，选择刚才创建的新平面作为"剪切工具"，将第（8）步创建的弯折板左侧对称曲面作为"对象"，如图3-90所示。单击➡图标，进入下一阶段，选择如图3-91所示的部分作为"残留体"，单击"确认"按钮，得到如图3-92所示剪切曲面，生成侧面弯折部分。

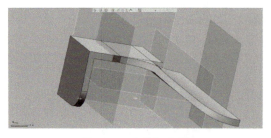

图3-89　生成新平面

图3-90　选择对象

图3-91　残留体

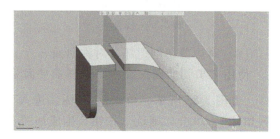

图3-92　侧面弯折部分

8. 放样连接补全冲压件侧表面

单击"模型"菜单"创建曲面"组中的"放样"命令，弹出如图3-93所示的"放样"对话框，选择侧表面两边线作为"轮廓"（若出现两边线的圆点不在同一侧的情况，需单击一侧圆点，改变方向）；将约束条件设置为"与面相切"，单击"确认"按钮，生成放样曲面。冲压件侧表面将会被补全，如图3-94所示。

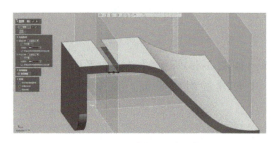

图3-93　"放样"对话框

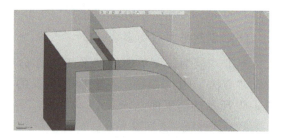

图3-94　冲压件侧表面被补全

9. 补全冲压件其他表面

同样利用"放样"命令，补全图3-95中冲压件的另外几个表面。

当表面出现封闭孔洞时，也可以选择"面填补"命令，填充孔洞。如图3-96所示，在弹出的面填补对话框中，选择孔洞所有边线，单击"确认"按钮，即可补全孔洞表面。

同样利用"面填补"命令，补全图示孔洞区域曲面，如图3-97所示。

项目3 模型逆向设计与打印

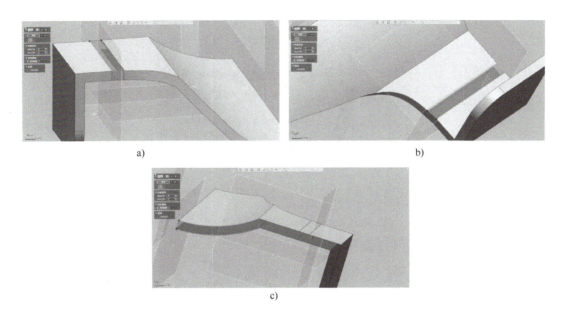

图 3-95 补全冲压件表面

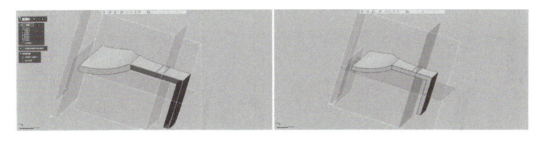

图 3-96 补全孔洞表面

图 3-97 补全孔洞区域曲面

10. 光顺表面

对于如图 3-98 所示的之前生成的拼接表面，为了使生成的曲面片更加光顺，可以先进行删除，再通过面填补生成完整表面。

选择拼接表面，单击鼠标右键后，选择如图 3-99 所示的"删除面"命令，删除所选表面。使用同样的操作，删除另一拼接表面，形成如图 3-100 所示的孔洞。

125

图 3-98　生成完整表面

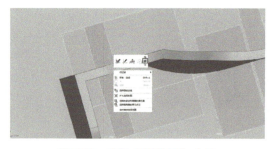

图 3-99　选择"删除面"命令

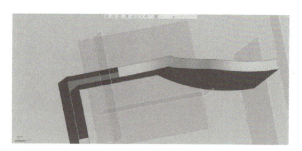

图 3-100　形成孔洞

同样利用"面填补"命令，补全示该孔洞，使其形成完整光顺表面，如图 3-101 所示。

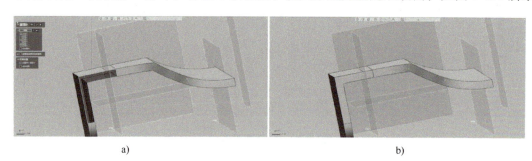

a)　　　　　　　　　　　　　　　　　　　　b)

图 3-101　生成光顺表面

11. 缝合表面形成实体

单击"模型"菜单中的"缝合" 命令，弹出如图 3-102 所示的"缝合"对话框，框选前面生成的所有曲面作为"曲面体"，单击"确认"按钮。得到如图 3-103 所示灰色模型，说明该部分成为实体模型。

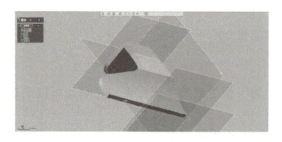

图 3-102　"缝合"对话框

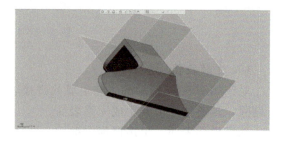

图 3-103　实体模型

12. 镜像生成完整模型

单击"模型"菜单中的"镜像"命令,弹出如图3-104所示的"镜像"对话框,选择刚才生成的实体作为"体",选择第6步的(1)中创建的对称平面作为"对称平面",单击"确认"按钮,生成1/2的冲压件。使用同样的操作,镜像生成完整的完整冲压件,如图3-105所示。

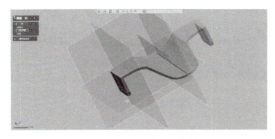

图 3-104 "镜像"对话框

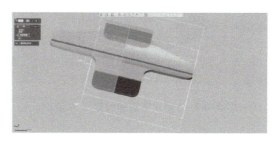

图 3-105 镜像生成的完整冲压件

13. 创建冲压件圆角特征

单击"模型"菜单中的"圆角"命令,弹出如图3-106所示的"圆角"对话框,选中需要设置圆角的边线,观察面片模型文件,设置与模型文件相吻合的圆角半径。可以单击工具条中"体偏差"命令,显示创建模型与原始模型数据之间的偏差,呈现出如图3-107所示的绿色,说明偏差在右侧边条所设置的允许偏差范围内(±0.1mm),单击"确认"按钮生成圆角。使用同样的方法,创建所有圆角特征,如图3-108所示。

图 3-106 "圆角"对话框

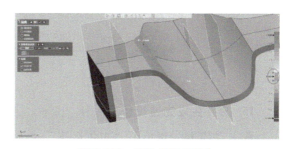

图 3-107 体偏差呈现绿色

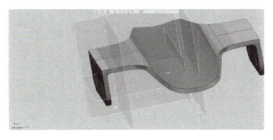

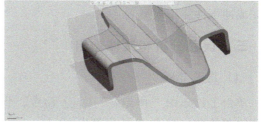

图 3-108 创建所有圆角特征

14. 拉伸创建孔特征

单击"草图"菜单中的"面片草图"命令,弹出如图3-109所示的"面片草图的设置"对话框,选择上平面作为"基准平面",单击"确认"按钮,进入草图绘制界面。单击"圆" ⊙圆· 命令,点选轮廓圆,单击"确认"按钮,即可生成如图3-110所示的圆形草图。单击"退出"命令,退出草图绘制界面。

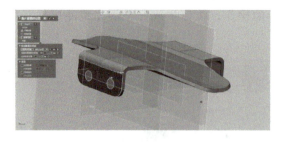

图3-109 "面片草图的设置"对话框

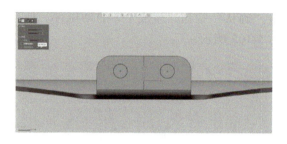

图3-110 圆形草图

单击"模型"菜单中"创建实体"组中的"拉伸"命令,弹出如图3-111所示的"拉伸"对话框,选中刚才绘制的直线作为"轮廓",拖拽箭头,使拉伸区域超出冲压件实体模型,将结果运算设置为"切割",单击"确认"按钮,创建出孔特征,如图3-112所示。

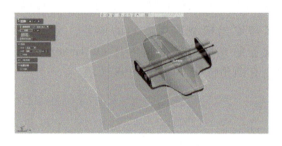

图3-111 "拉伸"对话框

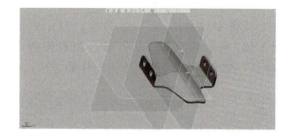

图3-112 创建出孔特征

15. 合并生成完整模型

单击"模型"菜单中"布尔运算"命令,弹出如图3-113所示的"布尔运算"对话框,"操作方法"选择"合并",框选所有实体作为"工具要素",单击"确认"按钮,创建完成冲压件完整模型。

三、误差分析和文件输出

(1) 误差分析

单击工具条中"体偏差"命令,将右侧边条的允许偏差范围设置为±0.1mm内,

图3-113 "布尔运算"对话框

若模型整体呈现出绿色,说明创建模型与原始模型数据之间的偏差在误差允许范围内,如图3-114所示。将光标放在模型区域表面,也可以看到创建表面与原始三角面片之间的偏差值。

（2）文件输出

如图 3-115 所示，在菜单栏中，选择"文件"→"输出"命令。在弹出的"输出"对话框中，选择创建的实体模型作为输出要素，单击"确认"按钮，如图 3-116 所示。选择文件的位置及文件的格式，根据客户需求，将模型保存为 STP 格式，如图 3-117 所示。

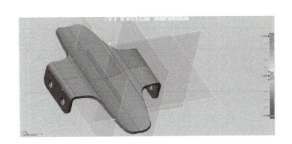

图 3-114　误差分析

图 3-115　选择创建的实体模型作为输出要素

图 3-116　输出实体模型

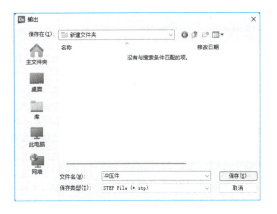

图 3-117　将模型保存为 STP 格式

学习活动 4　工作总结与评价

一、工作总结

以小组为单位，选择演示文稿、展板、海报、录像等形式中的一种或几种，向全班展示，汇报学习成果。根据表 3-14 评分标准进行评分。

表 3-14 任务测评表

评分内容		分值	评分		
			自我评分	小组评分	教师评分
基本认知	熟悉数据处理所需要的文件类型	5			
	熟悉 Geomagic Design X 软件基本操作	5			
逆向建模	能够正确绘制面片草图	10			
	根据冲压件模型表面特征,完成基本曲面构造任务	20			
	可以使用拉伸指令构造实体	10			
	生成表面光顺的冲压件实体模型	20			
	冲压件实体在误差允许范围内	10			
	正确保存逆向建模后的模型数据	10			
安全文明生产	遵守安全文明生产规程	5			
	操作完成后认真清理现场	5			
合计		100			

二、综合评价

综合评价表见表 3-15。

表 3-15 综合评价表

评价项目	评价内容	评价标准	评价方式		
			自我评价	小组评价	教师评价
职业素养	安全意识、责任意识	A. 作风严谨、自觉遵章守纪、出色地完成工作任务 B. 能遵守规章制度、较好地完成工作任务 C. 遵守规章制度、没完成工作任务,或虽完成工作任务但未严格遵守或忽视规章制度 D. 不遵守规章制度,没完成工作任务			
	团队合作意识	A. 与同学协作融洽、团队合作意识强 B. 与同学沟通、协同工作能力较强 C. 与同学沟通、协同工作能力一般 D. 与同学沟通困难、协同工作能力较差			
专业能力	学习活动1	A. 按时、完整地完成工作,问题回答正确,数据记录准确 B. 按时、完整地完成工作,问题回答基本正确,数据记录基本准确 C. 未能按时完成工作,或内容遗漏、错误较多 D. 未完成工作			
	学习活动2	A. 按时、完整地完成工作,问题回答正确,数据记录准确 B. 按时、完整地完成工作,问题回答基本正确,数据记录基本准确 C. 未能按时完成工作,或内容遗漏、错误较多 D. 未完成工作			

项目3 模型逆向设计与打印

(续)

评价项目	评价内容	评价标准	评价方式		
			自我评价	小组评价	教师评价
专业能力	学习活动3	A. 按时、完整地完成工作,问题回答正确,数据记录准确 B. 按时、完整地完成工作,问题回答基本正确,数据记录基本准确 C. 未能按时完成工作,或内容遗漏、错误较多 D. 未完成工作			
创新能力		学习过程中提出具有创新性、可行性的建议	加分奖励:		
学生姓名			综合评定等级		
指导老师			日期		

习 题

对任务3.1和任务3.2的模型数据做进一步处理,完成零件的逆向建模。

任务3.4 电动雕刻笔模型逆向设计与打印

学习目标

1. 掌握产品逆向设计与打印的完整工作流程
2. 能够根据逆向设计结果,对产品进行正向创新设计
3. 能够熟练操作正向、逆向设计及制造过程中涉及的各类软件及硬件
4. 具备团队合作能力和创新思维

建议课时:6课时

工作场景描述

电动雕刻笔是一种电子刻写仪器,如图3-118所示。它具有体积小、重量轻、刻写容易、速度快、便于携带、使用方便、标记永久保存等特点。电刻笔广泛应用于金属、瓷器、玻璃、塑料、大理石、木材等几乎所有硬质材料表面的雕刻。使用者采用像拿笔一样的姿势,稍微倾斜一个角度(45°角),将手搁在台面上,手指按住微动开关即可刻写,松开即停止刻写。

图3-118 电动雕刻笔

电动雕刻笔模型
逆向设计与打印
任务介绍

数字化设计与3D打印

图 3-119 为客户提供的某一型号电动雕刻笔的外壳模型,请你帮助客户获取该模型的完整数据信息,在此模型的基础上进行创新设计后,打印出模型样件。

图 3-119 电动雕刻笔的外壳模型

工作流程与活动

1. 明确工作任务——逆向设计与打印工作流程
2. 操作前的准备——初定方案及模型处理
3. 现场操作——电动雕刻笔逆向设计与打印
4. 工作总结与评价

学习活动 1 明确工作任务——逆向设计与打印工作流程

产品逆向设计与打印的常规工作流程见表 3-16,请你结合前期学习的内容,思考每个工作环节所需要用到的软硬件及其技能,并完成表 3-16。

表 3-16 逆向设计与打印工作流程

序号	内容	工作计划
1	模型数据扫描	1. 需要准备哪些工具?是否准备齐全?(请详细列出扫描过程可能用到的各种工具,并在已准备好的工具名称后面划上√) 2. 需要用到什么软件
2	点云数据处理	1. 需要用到什么软件 2. 处理后的模型数据一般以什么格式输出
3	逆向建模	1. 需要用到什么软件 2. 逆向建模文件一般以什么格式输出

132

（续）

序号	内容	工作计划
4	创新设计	1. 需要用到什么软件 2. 创新设计文件一般以什么格式输出
5	3D打印	1. 需要准备哪些工具？是否准备齐全？（请详细列出3D打印过程可能用到的各种工具，并在已准备好的工具名称后面划上√） 2. 需要用到什么软件

学习活动2　操作前的准备——初定方案及模型处理

一、初步确定创新设计方案

观察模型，在小组内进行"头脑风暴"，提出产品外观及性能上可能存在不足的地方，初步确定设计方案。

二、模型扫描前处理

扫描前处理操作记录表见表3-17。

表3-17　扫描前处理操作记录表

序号	操作步骤	操作记录及体会
1	扫描样件评估	请列出样件评估要点及评估结果
2	喷粉	完成喷粉操作，记录操作心得，并确认显像剂是否均匀光滑地覆盖工件表面
3	粘贴标定点	回顾标定点粘贴要点，粘贴标定点，并记操作心得

（续）

序号	操作步骤	操作记录及体会
4	标定扫描仪	回顾扫描仪标定操作步骤，完成标定，并记录操作心得
5	摆放模型	将模型固定在转台中间，调整扫描位置及相机曝光度，并记录操作心得

学习活动 3　现场操作——电动雕刻笔逆向设计与打印

一、扫描模型

1. 新建工程

调整好扫描位置及曝光度后，单击"开始扫描"按钮，如图 3-120 所示。

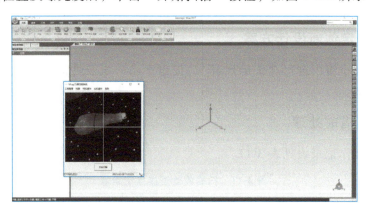

图 3-120　新建工程

2. 旋转圆盘

多次扫描，直到获得电动雕刻笔上表面的完整点云数据，如图 3-121 所示。

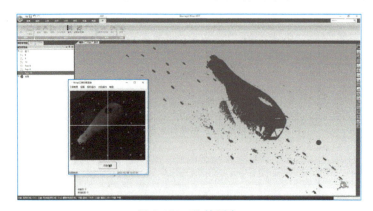

图 3-121　旋转圆盘

3. 翻转模型及转盘

使用相同的方法扫描获得下表面的完整数据。

4. 保存初始点云数据

将点云数据保存在目标目录下，文件格式选择"顶点文件.asc"，保存为"diaokebi.asc"文件。

二、点云数据处理

1. 导入模型数据

启动 Geomagic Wrap 软件，单击工具栏上的"打开"图标，系统弹出"打开文件"对话框，选中"diaokebi.asc"文件后，单击"打开"按钮，打开扫描数据。

2. 着色点云数据

选中模型管理器中的点云数据后，单击"点"菜单栏，选择"着色" 命令，使点云数据着色，如图 3-122 所示。

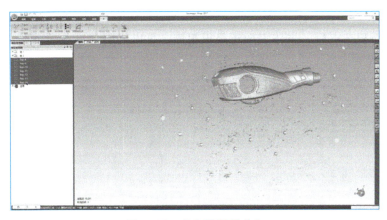

图 3-122　使点云数据着色

3. 全局注册

如图 3-123 所示，使用全局注册能够让多次扫描的点云数据更加贴合且更加紧密相连。选中扫描点数据，单击"对齐"菜单栏，选择"全局注册" 命令，完成全局注册。

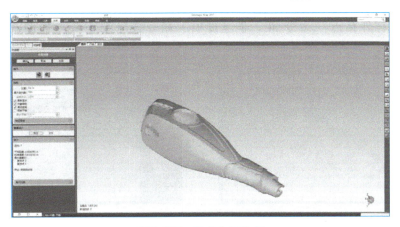

图 3-123　完成全局注册

4. 删除四周杂点

1）框选与主体分离的杂乱点云，变红后单击删除，如图 3-124 所示。

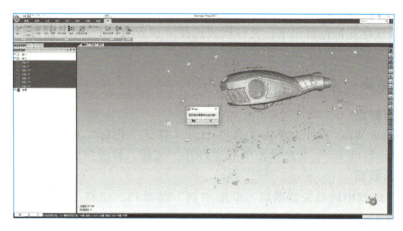

图 3-124 删除四周杂点

2）删除大面积杂点后，主体表面还是很粗糙，可以使用"减少噪音"命令提高表面质量，如图 3-125 所示。

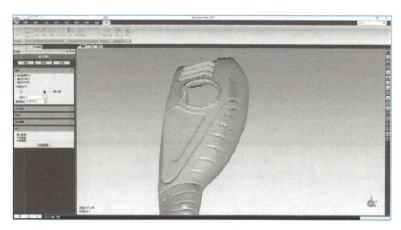

图 3-125 使用"减少噪音"命令提高表面质量

3）选择"体外孤点"命令和"非连接项"命令去除细小杂点如图 3-126、图 3-127 所示。

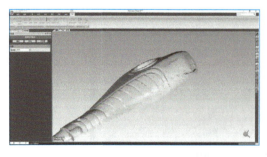

图 3-126 选择"体外孤点"命令去除细小杂点

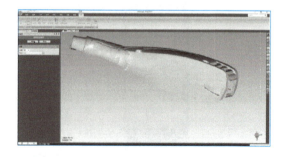

图 3-127 使用"非连接项"命令去除细小杂点

5. 联合点对象

完成点云处理后,使用"联合点对象"命令使贴合在模型上的点云变成一个整体,如图 3-128 所示。

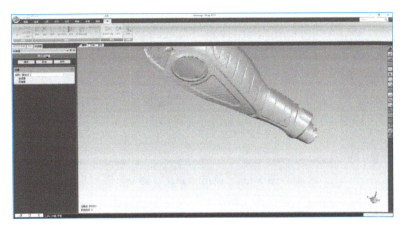

图 3-128　联合点对象

6. 封装数据

单击"点"菜单下的"封装" 命令,弹出如图所示的"封装"对话框,本案例使用默认数据,单击"确定"按钮,完成数据的封装,如图 3-129 所示。

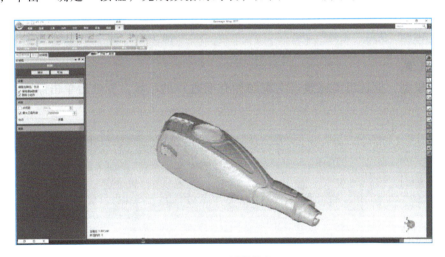

图 3-129　封装数据

7. 简化处理

如果点云封装后的三角面片过多,可以使用"简化"命令,在不影响模型表面质量的前提之下可以适量减少三角面片。单击"多边形"菜单下的"简化" 命令,弹出如图 3-130 所示对话框,单击"确定"按钮。

8. 松弛、删除钉状物

使用"松弛"命令使三角面片更加光滑,使用"删除钉状物"命令删除表面凹凸不平的地方使表面质量提高,如图 3-131、图 3-132 所示。

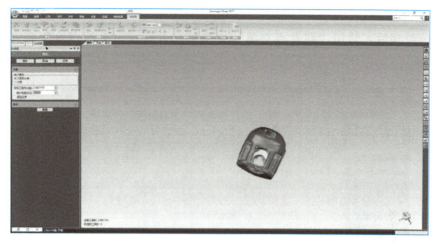

图 3-130 使用"简化"命令

图 3-131 使用"松弛"命令

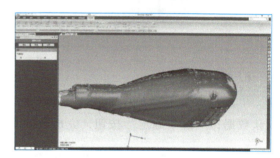

图 3-132 使用"删除钉状物"命令

9. 补全孔洞

1）观察模型，框选出不完整（有漏洞和有毛边）的区域，变红后单击删除，如图 3-133 所示。

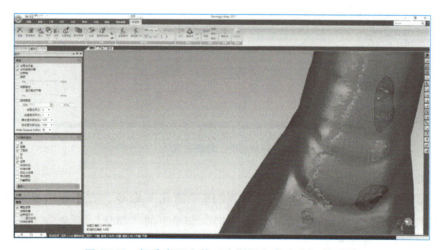

图 3-133 框选出不完整（有漏洞和有毛边）的区域

2）单击"多边形"菜单中"流形"按钮下的"开流形"命令，可以删除独立于主体之外的三角面片，如图 3-134 所示。

项目3 模型逆向设计与打印

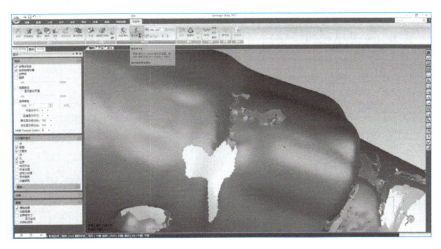

图 3-134 删除独立于主体之外的三角面片

10. 使用"网格医生"确定处理效果

全部修改完成后使用"网格医生"确定处理效果，如图 3-135 所示。

11. 保存数据

单击左上角 图标，将文件另存为"电动雕刻笔.stl"文件。

图 3-135 使用"网格医生"确定处理效果

三、逆向建模

1. 导入模型数据

启动 Geomagic Design X 软件后，单击左上角"导入" 命令，在弹出的对话框中选择要导入的"电动雕刻笔.stl"三角面片数据，进入工作界面。

2. 坐标对齐

导入模型后，通过单击上方工具条的"视图" 按钮，可以切换不同视角观察模型。如果发现该模型文件处于偏斜状态，是因为该文件坐标系与软件当前坐标系不一致，这种情况会造成建模过程观察或切割模型草图等操作不便。因此，通常如果导入的模型文件与软件坐标系不一致，需要进行坐标对齐操作，让模型坐标与软件坐标重合。

坐标对齐

（1）创建平面

单击"初始"菜单下的"平面" 按钮，弹出"追加平面"对话框，如图 3-136 所示。选择"绘制直线"的方法，调整模型视角，在如图 3-137 所示的模型中间部位绘制一条中分直线，单击"确认"按钮后，生成新平面，将其命名为"平面1"。

再次单击"平面"按钮，弹出"追加平面"对话框，追加方法选择"镜像"，按住<Shift>键，将模型和上一步生成的平面1同时选为要素，如图 3-138 所示，单击"确认"按钮后，生成模型的中分平面2。

139

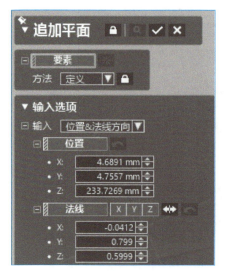

图 3-136 "追加平面"对话框

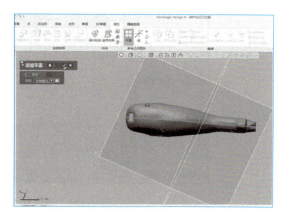

图 3-137 生成新平面

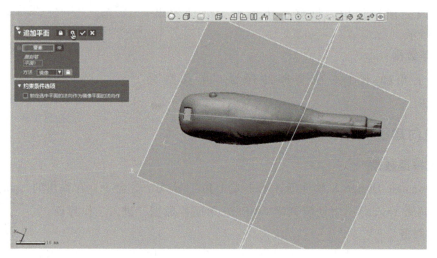

图 3-138 生成模型的中分平面 2

(2) 草图绘制

单击"草图"菜单下的"面片草图"按钮,弹出如图 3-139 所示的"面片草图的设置"对话框。选择"平面投影"选项,以"平面 2"作为基准平面,进入如图 3-140 所示的草图绘制界面,绘制该图中所示的草绘直线,确认后退出草图绘制。

再次以"平面 2"作为基准平面,进行草图绘制。通过调整基准面偏移距离,切割出雕刻笔表面的圆孔,进入如图 3-141 所示的草图绘制界面,并绘制该图中所示的草图,确认后退出草图绘制。

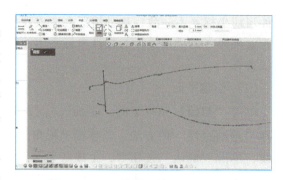

图 3-139 "面片草图的设置"对话框

项目3 模型逆向设计与打印

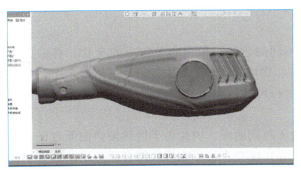
图 3-140 草图绘制界面（一）

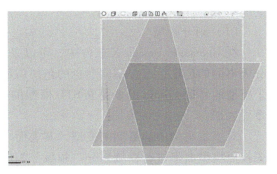
图 3-141 草图绘制界面（二）

（3）对齐界面

选择"对齐"菜单下的"手动对齐"按钮，单击"下一步"后，进入如图 3-142 所示的手动对齐界面。本案例使用 X-Y-Z 对齐，"位置"选择草图圆的圆心，过圆心的两条相互垂直的直线分别作为 X 轴和 Y 轴，对齐界面的左边为原始界面，右面是对齐结果，确认对齐结果合适后，单击"√"按钮确定。

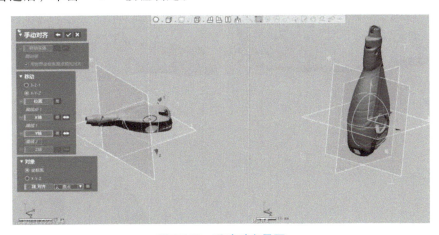
图 3-142 手动对齐界面

完成对齐操作后，可以将之前生成的辅助平面及草图删除，如图 3-143a 所示。对齐后的模型文件如图 3-143b 所示。

a）删除辅助平面及草图

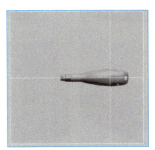
b）对齐后的模型文件

图 3-143 最终的模型文件

模型创建 1

模型创建 2

3. 雕刻笔头部模型创建

（1）划分领域

在 Geomagic Design X 软件中，可以采用不同的色块，根据曲面曲率的变化，将曲面拆分成不同的色块，这些不同颜色的色块就称为"领域"。领域依附在 STL 三角形之上，反映了模型的特征，可以用来提取 STL 模型的形状和尺寸信息，是后续用来拟合面片等操作的重要依据。

对于本案例中的雕刻笔模型，其表面多为不规则曲面，因此为了后续创建曲面方便，首先按照模型曲率进行领域划分。领域分割的准确程度会直接影响后续拟合面片的精度，因此一定要仔细观察模型表面曲率变化特征，确保正确划分领域。

选择"领域"菜单，使用工具栏中的"直线模式"，观察模型曲率，选择如图 3-144 所示的区域，单击"插入"按钮，生成对应的领域。

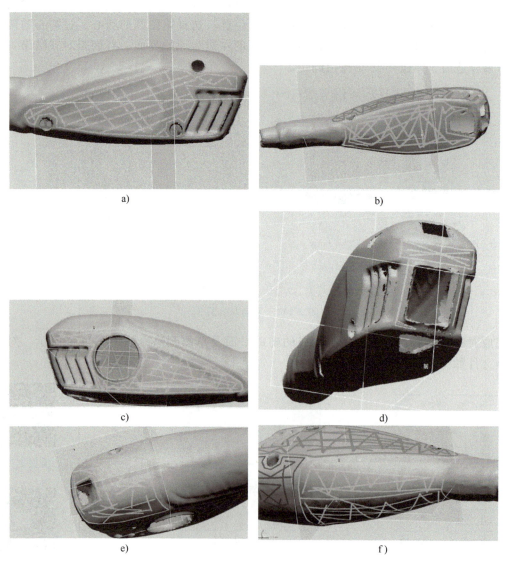

图 3-144　模型曲率

（2）面片拟合

选择"模型"菜单下的"面片拟合" 命令，出现如图 3-145 所示的"面片拟合"对话框，选择上一步划分的其中一个领域，如图 3-146 所示，进行面片拟合操作。同时可以通过工具条上的检测图标，对模型的表面精度进行检测，绿色区域代表精度合格，如图 3-147 所示。

模型创建 3

图 3-145 "面片拟合"对话框

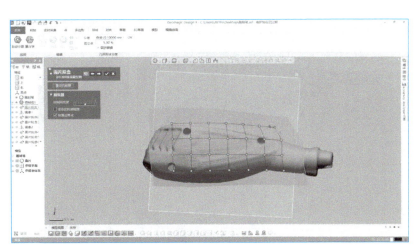

图 3-146 面片拟合操作

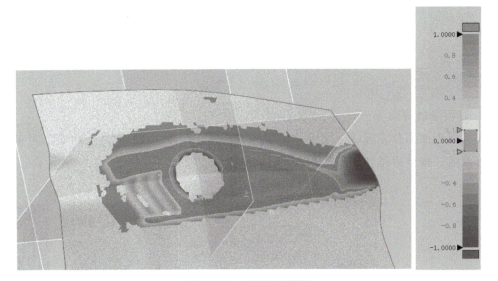

图 3-147 检测表面精度

使用同样的操作，根据前期划分的领域对模型的其余部分进行面片拟合，如图 3-148 所示。

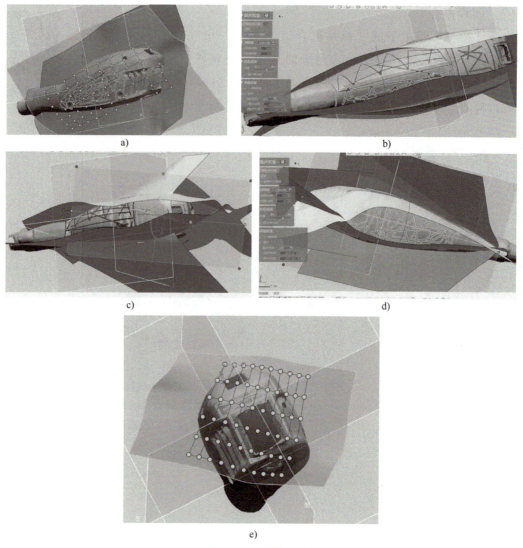

图 3-148 面片拟合

（3）剪切多余曲面

外壳头部表面拟合完成后，使用"模型"菜单下的"剪切曲面" 功能，对多余的曲面片进行修剪，修剪后得到如图 3-149 所示的曲面。

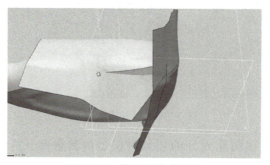

图 3-149 修剪多余曲面片

模型创建 4

项目3 模型逆向设计与打印

(4) 绘制草图

选择右平面,进入面片草图绘制界面,绘制如图 3-150 所示的草图,确认后退出草图绘制环境。

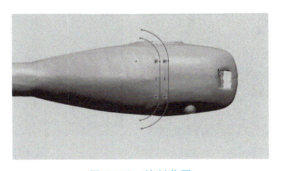

模型创建 5

图 3-150 绘制草图

(5) 创建拉伸曲面

选择"模型"菜单下的"拉伸曲面"按钮,进入如图 3-151 所示的曲面拉伸界面,通过拉伸生成如图 3-152 所示的曲面。

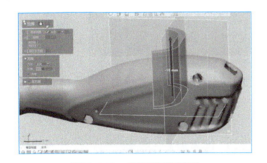

图 3-151 曲面拉伸界面

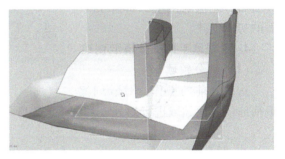

图 3-152 生成拉伸曲面

(6) 剪切曲面

分别选择如图 3-153a 所示的曲面作为"工具要素"和"对象体",如图 3-153b 所示的部分作为"残留体",确认完成剪切,隐藏步骤(7)拉伸生成的曲面,可以得到如图 3-154 所示的剪切效果。

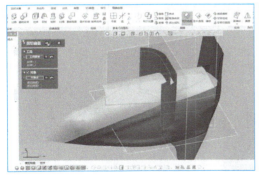

a) 工作要素和对象体   b) 残留体

图 3-153 工作要素和对象体及残留体

145

使用同样的操作，运用"剪切曲面"指令，将头部多余的曲面剪切去除，剪切完成后的曲面如图 3-155 所示。

图 3-154　剪切效果

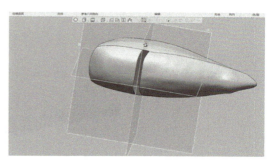

图 3-155　剪切曲面

（7）放样曲面

选择"模型"菜单下的"曲面放样"指令，进入如图 3-156 所示的曲面放样对话框，生成放样曲面。完成雕刻笔头部外壳表面的初步创建。

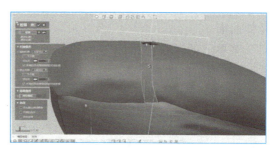

图 3-156　放样曲面

雕刻笔手柄部分模型创建 1

4. 雕刻笔手柄部分模型创建

（1）划分领域

重复之前的操作，对雕刻笔手柄部位表面领域进行划分，如图 3-157 所示。

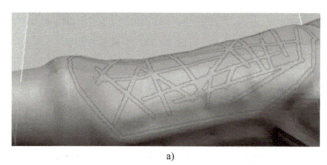

a)

b)

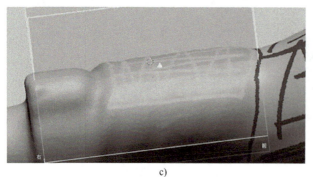

c)

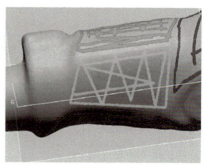

d)

图 3-157　手柄部分表面领域划分

（2）面片拟合

重复之前的操作，拟合雕刻笔手柄部位划分的领域，生成面片如图3-158所示。

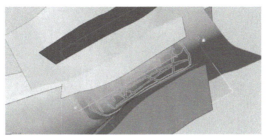

雕刻笔手柄部
分模型创建 2

图 3-158 手柄部分面片拟合

（3）剪切多余曲面

重复之前的操作，对多余表面进行剪切去除，如图3-159所示。得到如图3-160所示的手柄区域表面。

图 3-159 剪切曲面

图 3-160 手柄区域表面

（4）绘制草图

选择前平面作为草图绘制平面，进入面片草图绘制界面，绘制如图3-161所示的草图后，退出草图绘制环境。

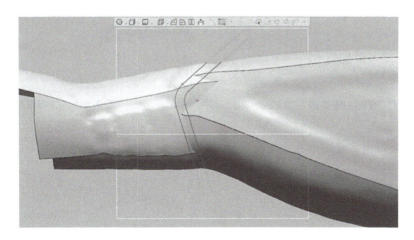

图 3-161 绘制手柄部分草图

（5）创建拉伸曲面

选择"模型"菜单下的"拉伸曲面"按钮，通过拉伸生成如图3-162所示的曲面。

147

雕刻笔手柄部分模型创建 3

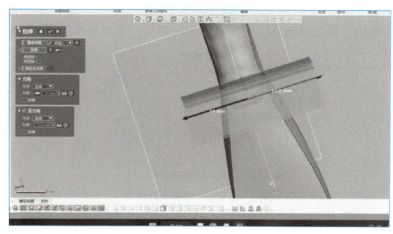

图 3-162 创建拉伸曲面

(6) 剪切曲面

分别选择如图 3-163 所示的曲面作为"工具要素"和"对象体",将如图 3-164 所示的部分作为"残留体",确认完成剪切,隐藏步骤(5)中拉伸生成的曲面,可以看到如图 3-165 所示的剪切效果。

再次选择"剪切曲面"指令,以前平面作为"工具要素",刚才生成的曲面作为"对象体",保留一侧表面,得到如图 3-166 所示曲面。

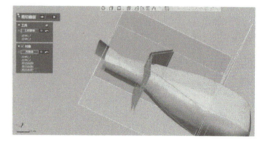

图 3-163 工具要素和对象体

图 3-164 残留体

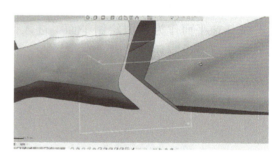

图 3-165 剪切效果

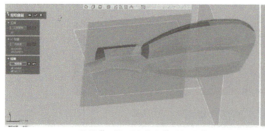

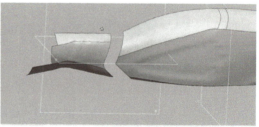

a) 选作"工作要素"和"对象体"　　b) 剪切后的曲面

图 3-166 生成曲面

（7）放样曲面

选择"模型"菜单下的"曲面放样"指令，进入如图3-167所示的曲面放样界面，生成放样曲面。

（8）镜像

选择"模型"菜单下的"镜像"指令，进入如图3-168所示的对话框，镜像生成另一侧表面。

雕刻笔手柄部分模型创建4

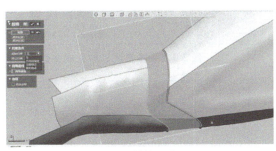
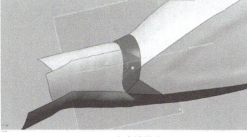

a）曲面放样界面　　　　　　　　　　b）生成放样曲面

图 3-167　放样曲面

（9）缝合

镜像后的模型表面之间可能存在一些缝隙，可以使用如图3-169所示的"缝合"操作，对模型表面的缝隙进行修补。

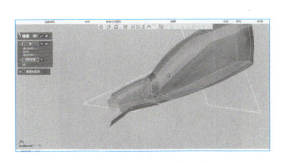
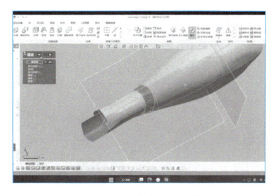

图 3-168　"镜像"对话框　　　　　　图 3-169　"缝合"对话框

5. 生成雕刻笔主体模型实体

通过面片草图，绘制如图3-170所示的草图后，将该直线拉伸生成曲面，如图3-171所示。通过如图3-172所示的曲面剪切操作，完成雕刻笔主体模型实体的创建，生成的实体会以灰色呈现，如图3-173所示。

6. 雕刻笔尾部模型创建

1）选择"初始"菜单下的"平面"按钮，弹出"追加平面"对话框，方法选择"偏移"，要素选择"上平面"，拖拽箭头，调整偏移距离至雕刻笔手柄尾端，如图3-174所示。

雕刻笔尾部模型创建1

数字化设计与3D打印

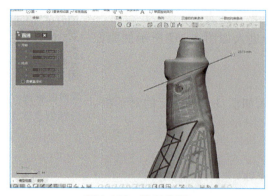

图3-170　绘制草图

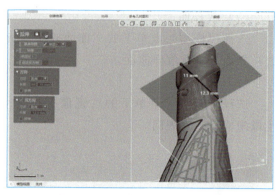

图3-171　将直线拉伸生成曲面

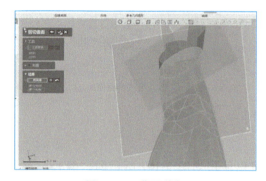

图3-172　曲面剪切

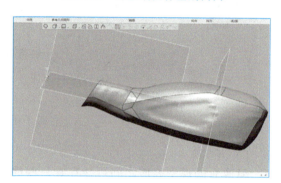

图3-173　生成雕刻笔主体模型实体

2）以该平面为基准平面，调整草图切割区域，观察模型，绘制如图3-175所示的面片草图。

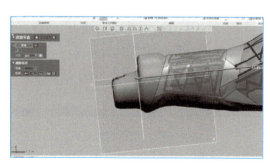

图3-174　"追加平面"对话框

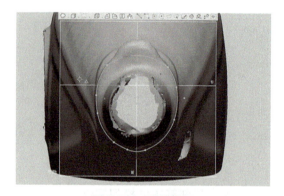

图3-175　面片草图

3）选择"模型"菜单下的"实体拉伸"按钮，进入实体"拉伸"对话框，将刚才绘制的草图拉伸至第5步生成的雕刻笔主体模型实体部分，如图3-176所示。

4）再次以尾部底面为基准平面，进入面片草图绘制环境，观察模型，绘制如图3-177所示的尾部凸起轮廓。拉伸该草图，生成如图3-178所示的拉伸实体。

5）继续以尾部底面为基准平面，调整偏移距离，切割出最后端部分的圆形轮廓，进入面片草图绘制环境，参照切割轮廓，绘制如图3-179所示的

雕刻笔尾部
模型创建2

150

项目3 模型逆向设计与打印

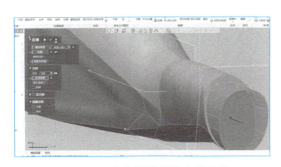

图3-176 生成的雕刻笔实体部分

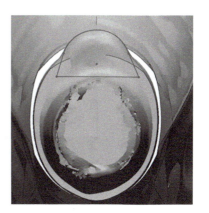

图3-177 尾部凸起轮廓

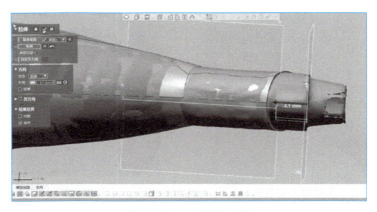

图3-178 生成拉伸实体

草图。同样通过实体拉伸指令，观察模型，确定拉伸距离，设置拔模角度，生成如图3-180所示的拉伸实体。

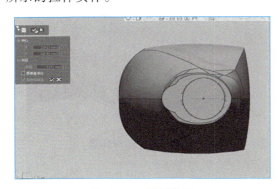

图3-179 绘制草图

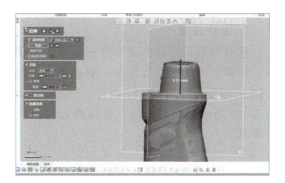

图3-180 生成拉伸实体

6) 以新生成的尾部底面为基准平面，进入面片草图绘制环境，观察模型，绘制如图3-181所示的与步骤5) 中草图绘制圆同心的圆形草图后，通过如图3-182所示的拉伸实体操作，切割出尾部的圆柱孔，如图3-183所示。

7) 以右平面为基准平面，进入面片草图绘制环境，观察模型，绘制如图3-184所示的草图。通过拉伸实体操作，切割出尾部槽，如图3-185所示。

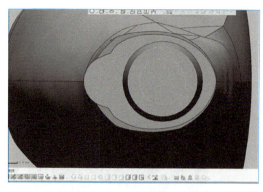

图 3-181　绘制同心圆

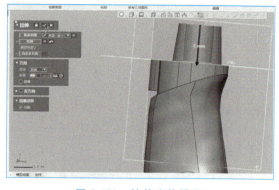

图 3-182　拉伸实体操作

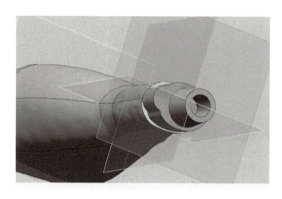

图 3-183　切割出尾部的圆柱孔

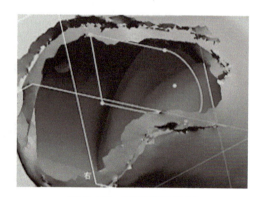

图 3-184　面片草图绘制

8）观察模型，通过"模型"菜单下的圆角指令，对模型尾部区域进行倒圆角操作，最终生成如图 3-186 所示的雕刻笔外壳实体雏形。

7. 细节添加

观察模型，通过创建新平面、面片草图绘制、拉伸、圆角创建等操作，对模型表面凹槽和圆孔等细节特征进行创建，最终生成如图 3-187 所示的模型实体。具体操作可参考演示视频。

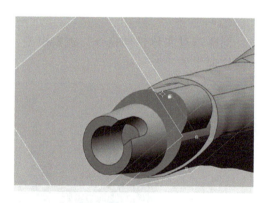

图 3-185　切割尾部槽

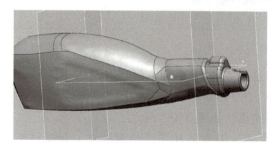

图 3-186　雕刻笔外壳实体雏形

雕刻笔尾部
模型创建 3

项目3　模型逆向设计与打印

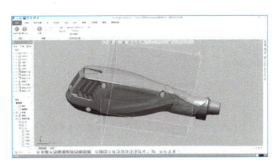

图 3-187　雕刻笔外壳模型实体

雕刻笔尾部　　雕刻笔尾部　　雕刻笔尾部　　雕刻笔尾部　　雕刻笔尾部
模型创建 4　　模型创建 5　　模型创建 6　　模型创建 7　　模型创建 8

8. 文件输出

将创建完成后的实体模型保存为 STP 格式文件，为后续创新设计做准备。

四、创新设计

1. 模型导入

（1）新建模型

启动 UG 软件，单击"新建"按钮，输入文件名及文件保存路径，单击"确定"按钮，进入建模界面，如图 3-188 所示。

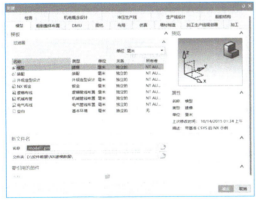 

a）新建模型　　　　　　　　　　　　　　b）建模界面

图 3-188　新建模型及建模界面

（2）单击"文件"→"导入"→STP，选择按钮模型，确定文件保存位置，单击"确定"按钮，导出 STP 文件，即可在保存位置找到相应的文件，如图 3-189 所示。

2. 模型创新

（1）进入绘制草图界面

单击"菜单"→"插入"→"在任务环境中绘制草图"，弹出如图 3-190a 所示的"创建草

153

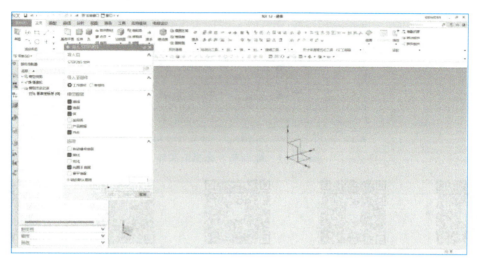

图 3-189 保存文件

a)"创建草图"对话框

b)绘制草图界面

图 3-190 "创建草图"对话框和绘制草图界面

图"对话框,选择 X-Z 基准面。屏幕中出现如图 3-190b 所示的绘制草图界面。

(2) 绘制草图

单击草图工具条中的"圆"命令,绘制如图 3-191 所示的草图,直到草图完全约束后,单击"完成"命令。

(3) 拉伸创建模型实体

单击操作界面上方工具条中的"拉伸" ![拉伸] 图标,弹出如图 3-192a 所示的"拉伸"对话框,将选择曲线选择为"区域边界曲线",选择如图 3-192b 所示的部分,将结束限制设置为" ![值] ",距离设置为"30mm",布尔运算选择" ![减去] ",单击"应用"按钮,完成第一步拉伸操作。

(4) 在模型面创建坐标系

单击"菜单"→"插入"→"在任务环境中绘制草图",弹出如图 3-193a 所示"创建草图"

对话框，在草图类型中选择"在平面上"，指定模型面为坐标系创建坐标系，屏幕中将会出现如图 3-193b 所示的模型面坐标系。

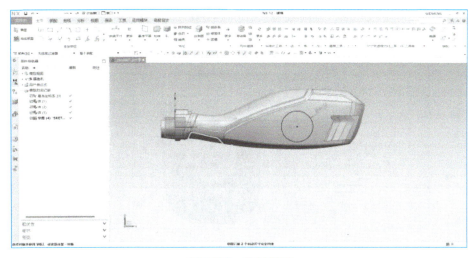

图 3-191 绘制草图

a)"拉伸"对话框

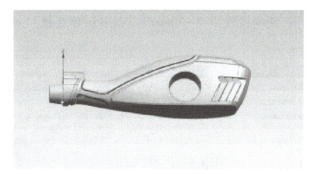

b) 第一步拉伸操作

图 3-192 拉伸创建模型实体

a)"创建草图"对话框

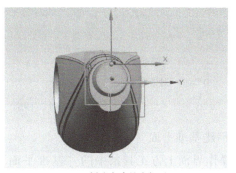

b) 创建完成的坐标系

图 3-193 在模型面创建坐标系

(5）绘制草图创建特征

单击草图工具条中的"圆"命令，绘制如图 3-194 所示的草图，给草图约束径向尺寸，数值标注"10"，单击"完成"命令。

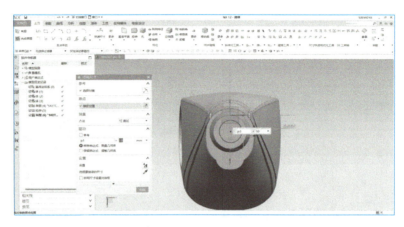

图 3-194　绘制草图创建特征

(6）拉伸草图

单击操作界面上方工具条中的"拉伸" 拉伸 图标，弹出"拉伸"对话框，将选择曲线选择为"区域边界曲线"，选择如图 3-195a 所示的部分，将结束限制设置为"值"，距离设置为"-30mm"，布尔运算选择"减去"，单击"应用"按钮，完成拉伸操作。

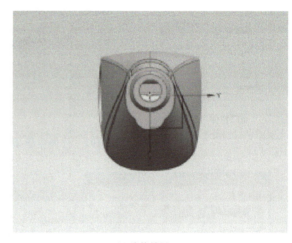

a)"拉伸"对话框　　　　　　　　　　b) 拉伸结果

图 3-195　拉伸草图

(7）创建基准平面

单击操作界面上方工具条中的"基准平面"按钮，弹出如图 3-196a 所示的"基准平面"对话框，基准平面类型为"自动判断"，选择对象为模型特征面，选择如图 3-196b 所示的部分，单击"应用"按钮，完成基准平面创建操作。

项目3　模型逆向设计与打印

a）选择模型特征面

b）基准平面

图 3-196　创建基准平面

（8）在基准平面创建坐标系

单击"菜单"→"插入"→"在任务环境中绘制草图"，弹出如图 3-197 所示"创建草图"对话框，在平面方法中选择新平面""，指定平面为创建的基准平面，指定矢量为 Z 轴，指定点选择原点。如图 3-198 所示，单击"应用"按钮，完成坐标系创建操作。

图 3-197　"创建草图"对话框

图 3-198　在基准平面创建坐标系

（9）草图绘制

单击草图工具条中的"矩形"□图标，绘制如图 3-199 所示的草图，设置草图约束宽度和高度尺寸，数值分别标注"23"和"16.5"，单击"完成草图"命令。

（10）拉伸切割

单击操作界面上方工具条中的"拉伸"图标，弹出"拉伸"对话框，将选择曲线选择为"区域边界曲线"，选择如图 3-200 所示的部分，将结束限制设置为""，距离设置为"-30mm"，布尔运算选择"减去"，单击"应用"按钮，完成拉伸切割。

3．创新设计——创新部位一

（1）创建基准平面

单击操作界面上方工具条中的"基准平面"，弹出"基准平面"对话框，选择基准

157

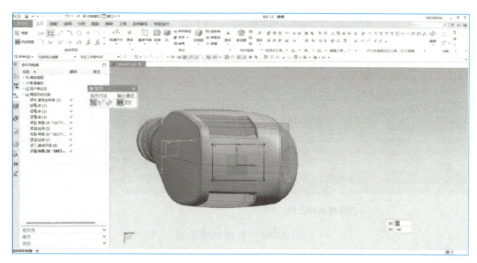

图 3-199　草图绘制

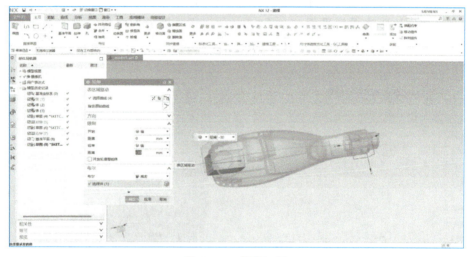

图 3-200　拉伸切割

平面类型为"自动判断",选择对象为模型的特征面,选择如图 3-201b 所示的部分,单击"应用"按钮,完成基准平面创建操作。

a)"基准平面"对话框

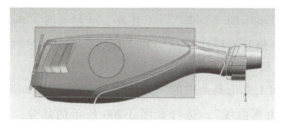

b) 基准平面

雕刻笔创新
(新建侧面模型)

图 3-201　创建基准平面

(2) 在基准平面创建坐标系

单击"菜单"→"插入"→"在任务环境中绘制草图",弹出如图 3-202 所示"创建草图"

对话框，在平面方法中选择新平面"[新平面]"，指定平面为创建的基准平面，指定矢量为 Z 轴，指定点选择原点。如图 3-203 所示，单击"应用"按钮，完成坐标系创建操作。

图 3-202 "创建草图"对话框

图 3-203 指定基本元素

（3）修剪草图

单击草图工具条中的"圆和矩形"命令，单击"快速修剪"图标 ，弹出如图 3-204a 所示"快速修剪"对话框，对草图进行修剪。修剪如图 3-204 所示的草图，直到草图完全约束和修剪后，单击"完成"命令。

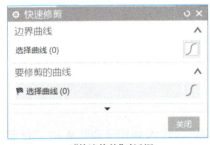

a)"快速修剪"对话框

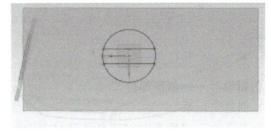

b) 修剪完成的草图

图 3-204 修剪草图

（4）拉伸所建草图

单击操作界面上方工具条中的"拉伸" [拉伸] 图标，弹出如图 3-205 所示"拉伸"对话框，将选择曲线选择为"区域边界曲线"，选择如图 3-206 所示的部分，将结束限制设置为"[值]"，距离设置为"2mm"，布尔运算选择"[合并]"，单击"应用"按钮，完成拉伸操作。

（5）对旋钮倒圆角

单击操作界面上方工具条中的"边倒圆"图标 ，弹出图 3-207 所示"边倒圆"对话框，将选择边选择为所拉伸的旋钮，半径数值设置为"1mm"，完成倒圆角操作。完成旋钮创新，如图 3-208 所示。

图 3-205 "拉伸"对话框

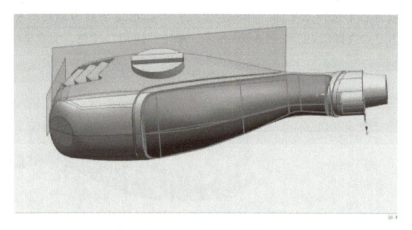

图 3-206 拉伸所建草图

图 3-207 "边倒圆"对话框

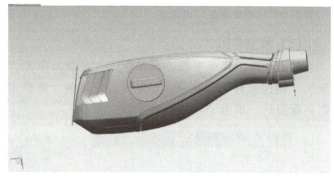

图 3-208 旋钮创新

4. 创新设计——创新部位二

（1）创建坐标系

单击"菜单"→"插入"→"在任务环境中绘制草图"，进入如图 3-209 所示"创建草图"对话框，平面方法中选择自动判断 " 自动判断 ▼ "，指定坐标系选择模型创新面。如图 3-210 所示，单击"应用"按钮，完成创建坐标系操作。

图 3-209 "创建草图"对话框

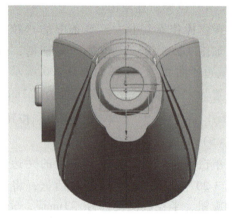

图 3-210 完成创建坐标系操作

（2）绘制模型草图

单击草图工具条中的"圆"命令，绘制如图3-211所示的草图。直到草图完全约束后，如图3-212所示，设置径向尺寸为"12mm"，单击"完成"命令。

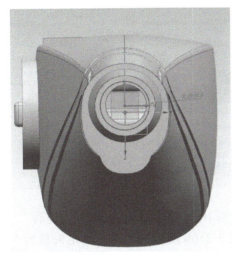

图3-211　模型草图

图3-212　约束尺寸

（3）拉伸草图

单击操作界面上方工具条中的"拉伸" 图标，弹出如图3-213所示的"拉伸"对话框，将选择曲线选择为"区域边界曲线"，选择如图3-214所示的部分，将结束限制设置为"值"，距离设置为"5"，布尔运算选择"合并"，单击"应用"按钮，完成拉伸操作。

图3-213　"拉伸"对话框

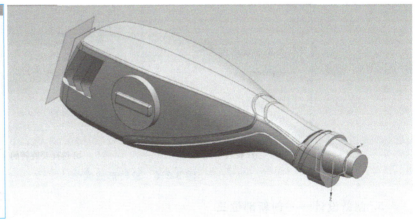

图3-214　拉伸草图

（4）创建笔尖特征

单击草图工具条中的"直线"命令，绘制如图3-215所示的草图，直到草图完全约束和修剪后，单击"完成"命令。

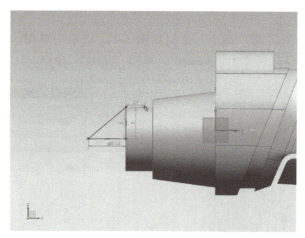

图 3-215　创建笔尖特征

（5）旋转形成实体

单击操作界面上方工具条中的"旋转"图标，弹出如图 3-216a 所示的"旋转"对话框，将选择曲线选择为"区域边界曲线"，选择如图 3-216b 所示的部分，指定矢量为 X 轴，指定点为圆心，布尔运算选择"合并"，单击"应用"按钮，完成旋转操作，笔尖形成。

a)"旋转"对话框　　　　b)选择要旋转的实体

图 3-216　旋转形成实体

5. 创新设计——创新部位三

（1）创建坐标系

单击"菜单"→"插入"→"在任务环境中绘制草图"，进入如图 3-217 所示"创建草图"对话框，平面方法中选择新平面"新平面"，指定坐标系为基准平面，指定矢量为 Z 轴，指定点为中点。如图 3-218 所示，单击"应用"按钮，完成创建坐标系操作。

雕刻笔创新
（新建尾部模型1）

（2）绘制草图

单击草图工具条中的"矩形"  命令，绘制如图3-219所示的草图，直到草图完全约束后，单击"完成"命令。

图3-217 "创建草图"对话框

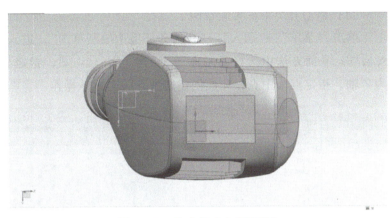

图3-218 完成创建坐标系操作

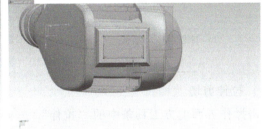

图3-219 绘制草图

（3）拉伸拔模

单击操作界面上方工具条中的"拉伸"图标，弹出"拉伸"对话框，将选择曲线选择为"区域边界曲线"，选择如图3-220所示的部分，将结束限制设置为"对称值"，

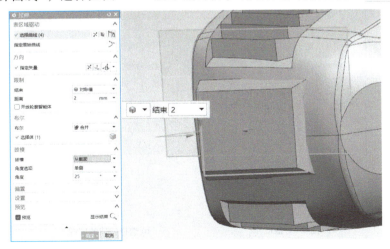

图3-220 拉伸拔模

距离设置为"2mm",布尔运算选择" 合并 ",拔模选择从截面" 从截面 ",角度选项"单侧"" 单侧 ",角度标注"25°",单击"应用"按钮,完成拉伸操作。

(4) 船型开关坐标系和草图

单击"菜单"→"插入"→"在任务环境中绘制草图",进入如图 3-221a 所示"创建草图"对话框,平面方法中选择新平面" 新平面 ",指定坐标系为基准平面,指定矢量为 Z 轴,指定点为中点,完成创建船型开关坐标系操作。

a)"创建草图"对话框

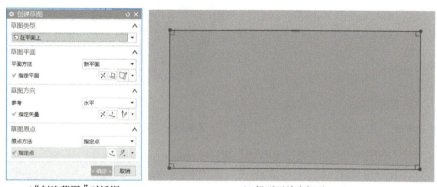
b) 船型开关坐标系

图 3-221 创建草图

(5) 拉伸剪切

单击操作界面上方工具条中的"拉伸" 拉伸 图标,弹出如图 3-222a 所示"拉伸"对话框,将选择曲线选择为"区域边界曲线",选择如图 3-222b 所示的部分,将结束限制设置

a)"拉伸"对话框

b) 选择拉伸的区域

图 3-222 拉伸

为"⬚值 ▼",距离设置为"4",布尔运算选择"⬚合并 ▼"。再次进行草图绘制,如图3-223a所示,进行拉伸,布尔运算选择"⬚减去 ▼",开关完成,效果如图3-223b所示。

a)"拉伸"对话框

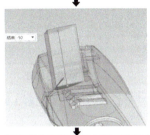

b) 开关完成

图 3-223 剪切

雕刻笔创新
(新建尾部模型2)

6. 创新设计——创新部位四

(1) 创建坐标系

单击"菜单"→"插入"→"在任务环境中绘制草图",弹出如图 3-224 所示"创建草图"对话框,平面方法中选择新平面"新平面 ▼",指定坐标系为基准平面,指定矢量为 Z 轴,指定点为中点,单击"应用"按钮,完成创建坐标系操作。

(2) 草图绘制——模型基体

单击草图工具条中的"圆形"○命令,绘制如图 3-225a 所示的草图。直到草图完全约束后,如图 3-225b 所示,设置径向尺寸标注为"9mm",单击"完成"命令。

图 3-224 "创建草图"对话框

(3) 拉伸草图——模型基体

单击操作界面上方工具条中的"拉伸" ⬚拉伸 ▼图标,弹出图 3-226a 所示"拉伸"对话框,将选择曲线选择为"区域边界曲线",选择如图 3-226b 所示的部分,将结束限制设置为"⬚对称值 ▼",距离设置为"-5",布尔运算选择"⬚减去 ▼",单击"应用"按钮,完成拉伸操作。

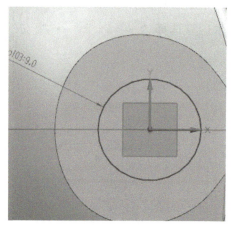

a) 模型草图　　　　　　　　　b) 约束尺寸

图 3-225　草图绘制

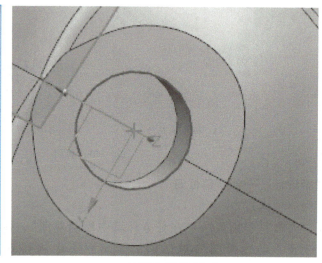

a)"拉伸"对话框　　　　　　　　b) 选择要拉伸的部分

图 3-226　拉伸草图

(4) 草图绘制——拉伸体

单击草图工具条中的"矩形"□命令，绘制如图3-227所示的草图，直到草图完全约束后，单击"完成"命令。

(5) 拉伸草图——拉伸体

单击操作界面上方工具条中的"拉伸" 图标，弹出如图3-228所示"拉伸"对话框，将选择曲线选择为"区域边界曲线"，选择如图3-227所示的矩形部分，将结束限制设置为" 值 "，距离设置为"2.5mm"，单击"应用"按钮，完成拉伸操作。

(6) 合并

将模型基体和拉伸体进行合并，如图3-229所示。

项目3 模型逆向设计与打印

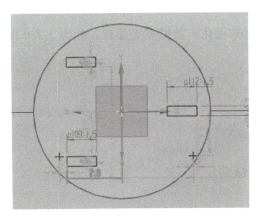

图 3-227　草图绘制

图 3-228　"拉伸"对话框

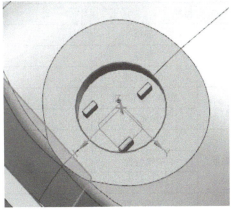

图 3-229　将模型基体和拉伸体进行合并

167

7. 模型的优化

利用圆角过渡进行模型的优化，使模型更美观，如图 3-230 所示。

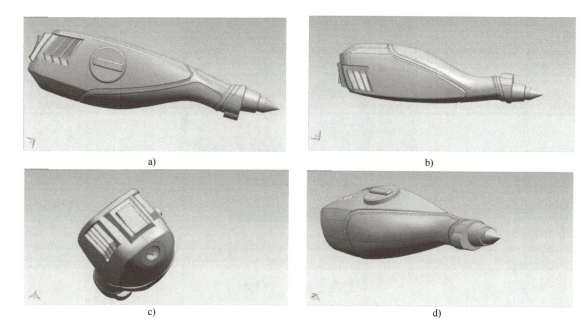

图 3-230　模型优化

五、3D 打印

1. 切片设置

（1）导入模型

启动 Cura 软件，根据打印需求，选择对应打印模式。

（2）参数设置

在基本设置菜单中，修改参数，确定模型效果，并将参数记录在表 3-18 中。

表 3-18　切片参数记录表

类别		参数	选择依据
质量	层厚		
	壁厚		
	允许反抽		
填充	底部/顶部厚度		
	填充率		
速度与温度	打印速度		
	喷嘴温度		
	热床温度		
支撑	支撑类型		
	平台附着类型		

(续)

类别		参数	选择依据
耗材	直径		
	流量		
设备型号			
混色模式	混色模式选择		
	右边固定比例		
分层模式	层数		
双色模式	双喷头支撑		
	喷嘴擦拭塔		
	溢出保护		
单色模式			
打印所需时间			

（3）保存 G 代码

参数设置完成后，把模型保存为 G 代码。

2. 完成打印

将存储有模型 G 代码的优盘插入打印机，按照前期积累的打印机操作技能，完成模型打印任务。记录打印过程中出现的问题及采取的解决办法。

六、创新设计改进

根据样品打印效果，记录设计中存在的优点与不足，进行合理化改进。

学习活动 4　工作总结与评价

一、工作总结

以小组为单位，选择演示文稿、展板、海报、录像等形式中的一种或几种，向全班展示，汇报学习成果。根据表 3-19 评分标准进行评分。

表 3-19　任务测评表

评分内容		分值	评分		
			自我评分	小组评分	教师评分
确认流程	正确完整填写工作流程记录表	5			
初定方案	认真分析模型，提出可执行的设计方案	5			
模型处理	对模型进行正确的扫描前处理	7			
	正确完整填写操作记录表	3			

（续）

评分内容		分值	评分		
			自我评分	小组评分	教师评分
逆向设计与打印	扫描数据完整	5			
	点云数据处理得当，无明显杂点	5			
	封装后的三角面片处理光顺、完整	5			
	较为熟练地完成曲面创建任务	5			
	能够生成雕刻笔外壳锥形	10			
	雕刻笔外壳细节特征优化到位	10			
	完成至少一处雕刻笔优化设计	10			
	打印操作正确	5			
	打印过程出丝顺畅	2			
	打印的模型外观光滑，无明显瑕疵	3			
安全文明生产	遵守安全文明生产规程	10			
	操作完成后认真清理现场	10			
合计		100			

二、综合评价

综合评价表见表 3-20。

表 3-20 综合评价表

评价项目	评价内容	评价标准	评价方式		
			自我评价	小组评价	教师评价
职业素养	安全意识、责任意识	A. 作风严谨、自觉遵章守纪、出色地完成工作任务 B. 能遵守规章制度、较好地完成工作任务 C. 遵守规章制度、没完成工作任务，或虽完成工作任务但未严格遵守或忽视规章制度 D. 不遵守规章制度，没完成工作任务			
	团队合作意识	A. 与同学协作融洽、团队合作意识强 B. 与同学沟通、协同工作能力较强 C. 与同学沟通、协同工作能力一般 D. 与同学沟通困难、协同工作能力较差			
专业能力	学习活动 1	A. 按时、完整地完成工作，问题回答正确，数据记录准确 B. 按时、完整地完成工作，问题回答基本正确，数据记录基本准确 C. 未能按时完成工作，或内容遗漏、错误较多 D. 未完成工作			
	学习活动 2	A. 按时、完整地完成工作，问题回答正确，数据记录准确 B. 按时、完整地完成工作，问题回答基本正确，数据记录基本准确 C. 未能按时完成工作，或内容遗漏、错误较多 D. 未完成工作			

（续）

评价项目	评价内容	评价标准	评价方式		
			自我评价	小组评价	教师评价
专业能力	学习活动3	A. 按时、完整地完成工作,问题回答正确,数据记录准确 B. 按时、完整地完成工作,问题回答基本正确,数据记录基本准确 C. 未能按时完成工作,或内容遗漏、错误较多 D. 未完成工作			
创新能力		学习过程中提出具有创新性、可行性的建议	加分奖励：		
学生姓名			综合评定等级		
指导老师			日期		

习　题

结合本项目所掌握的技能，尝试对任务 3.1 和任务 3.2 的数据进行逆向建模及创新设计。

参 考 文 献

［1］ 王晖. 机械产品创新设计与 3D 打印［M］. 北京：机械工业出版社，2020.
［2］ 郭晓霞，周建安，洪建明，等. UG NX 12.0 全实例教程［M］. 北京：机械工业出版社，2020.
［3］ 杨晓雪，闫学文. Geomagic Design X 三维建模案例教程［M］. 北京：机械工业出版社，2016.